创造 是中国存续千秋的水墨
令人类尽享文明荣耀

水墨图说

中国古代发明创造

〔功夫〕

康玉庆 /编著

天津出版传媒集团

天津教育出版社
TIANJIN EDUCATION PRESS

图书在版编目(CIP)数据

功夫 / 康玉庆编著. —天津:天津教育出版社,
2014.1(2016 年 12 重印)
 (奇迹天工:水墨图说中国古代发明创造)
 ISBN 978 – 7 – 5309 – 7400 – 1

 Ⅰ.①功… Ⅱ.①康… Ⅲ.①武术—体育史—中国—
青年读物②武术—体育史—中国—少年读物
Ⅳ.①G852 – 49

中国版本图书馆 CIP 数据核字(2013)第 257594 号

功夫

奇迹天工:水墨图说中国古代发明创造

出 版 人	刘志刚
作　 　者	康玉庆
选题策划	袁　颖　王艳超
责任编辑	王艳超　曾　萱
装帧设计	郭亚非
出版发行	**天津出版传媒集团** 天津教育出版社 天津市和平区西康路 35 号　邮政编码 300051 http://www.tjeph.com.cn
印　 　刷	永清县晔盛亚胶印有限公司
版　 　次	2014 年 1 月第 1 版
印　 　次	2016 年 12 月第 2 次印刷
规　 　格	16 开(787×1092)
字　 　数	35 千字
印　 　张	6
定　 　价	13.80 元

　　中国功夫通常被人们称为中国武术，是中华民族在长期的历史发展过程中不断创造、逐渐形成的以技击为主要内容，以套路和搏斗为运动形式，注重内外兼修的民族传统体育项目。中国功夫具有防身、健体、御敌、制胜的作用，与京剧、书法、中医并称中国四大国粹，为世人所称道。

　　如今，在世界各地，功夫作为一项很有健身效果和艺术之美的体育项目，正受到越来越多人的喜爱。

　　中国功夫从诞生至今已逾千年，却仍然洋溢着生命的活力，可谓中国传统文化和民族精神的一个缩影。

目

CONTENTS

录

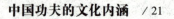

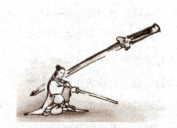

五花八门的兵器 / 71

中国功夫的诞生与发展

　　中国功夫通常被人们称为中国武术，是中华民族在长期的历史发展过程中不断创造、逐渐形成的以技击为主要内容，以套路和搏斗为运动形式，注重内外兼修的民族传统体育项目。中国功夫具有防身、健体、御敌、制胜的作用，与京剧、书法、中医并称为中国四大国粹，为世人所喜爱。

　　提到中国功夫，人们普遍认为那是武林人士身怀的绝技，要经过几十年的勤学苦修才能练成。在人们心中，相对于日常生活的普通社会，还有一处充满传奇色彩的江湖，只有武功深厚的武林人士才能在那个时空来去无踪、任意驰骋。何谓武林？哪有江湖？人们常说，江湖存在于每个人的心中。

　　在中国，从古至今始终活跃着一群人，在这个群体中流行着不少神秘、有趣又令人深信不疑的谚语。师父不断在徒弟的耳边叨念，徒弟又对自己的徒弟仔细叮咛，于是，在这个被称为功夫圈的武林江湖中就形成了不少不成文的规矩：

　　"一寸长，一寸强；一寸短，一寸险。""狠打善，快打慢，长打短，硬打软。""学会十字战，天下英雄打一半。""尚德不尚力，重守不重攻。""上打阳，下打阴，两边打肋，

中打心。""学拳容易改拳难。""远用手，近用肘，宁换十手，不换一肘。""三拳难挡一掌，三掌难挡一肘，三肘难挡一尖，三尖难挡一指。""能动能静，拳道之圣。动而不静，拳道之病。"

......

想弄明白中国功夫的人，弄懂这些谚语，就能理解中国功夫的深邃、武林世界的辽远，弄清中华功夫的产生、发展脉络，更加佩服中华武林圣手们的无穷智慧。

为此，让我们从远古开始谈起。

战天斗地，中国功夫始萌芽

如果让你回到茹毛饮血的远古时代，你一定能体会到那时的人类生活是多么艰辛。没有工具，温饱要靠双手，还要随时提防野兽或敌人的进攻……能够生存下来实属不易！

但是，人类从来就没有向困难低过头！

人们在狩猎的生产活动中，与凶猛的野兽生死相搏，这逼迫他们绞尽脑汁，寻找战而胜之的办法。人类从徒手搏斗，到学会使用石制、木制的武器，进而，一部分勇敢机智的人类精英逐渐积累了拳打、脚踢、腾跃、翻滚等攻防技术，以及劈、砍、刺、削等技巧，从普通人中脱颖而出，成为最初的功夫高手。这样，功夫技术的基础就形成了。可以说，中国功夫是在我们远古祖先的生产劳动中起源的。

原始社会时期，经常发生部落间的战争，能征善战、武艺高强者必然受到族人的尊敬，战场上的实战经验更得到首

领及勇士的重视。为了取得胜利，平时的训练、研究变得经常且必要，功夫的交流又促进了其自身的发展。

中国的"战神"是传说中的蚩尤。"战神"之誉可不是吹的。相传，炎黄时代的蚩尤部落崇尚勇武，善于搏斗，这个部落有一种非凡的徒手搏斗技术，包括踢、打、摔、抵、拿等技法，平时刻苦演练，战时则威力无比。有人认为，这对后世功夫对抗性项目的发展大有影响。

史籍记载过一个有趣的故事：大禹时期，三苗部族反叛。大禹率兵征三苗。征战过程中，大禹让士兵们手持斧、盾等武器进行操练，以显示强大的武力，三苗部族观看了这种"武舞"，无比震惊，当即臣服。这种"武舞"为后来功夫套

路的形成开了个好头儿。

这一时期，战争促进了功夫的发展。

理论产生，太极学说奠基础

到了奴隶社会，尤其在夏朝时期，连绵不断的战火，使功夫进一步向实用性、规范化发展。而功夫理论的产生，更为中华功夫的长远发展奠定了坚实的基础。

商周时期产生了太极学说，功夫有了指导思想。在此基础上，发展出中国功夫"天人合一""五行生克"等理论体系。

那个时期，生产力水平也逐渐提高，青铜业已经开始发

展，出现了矛、戈、戟、斧、钺、刀、剑等精良的兵器以及使用这些器械的较高技艺。人们热衷于较量武艺高低的比赛，这种较量往往是以生命做赌注的，大大刺激了搏击技术的提高。20世纪70年代，由中国香港凤凰影业公司拍摄的影片《屈原》，就有奴隶生死决斗、娱乐贵族的情节，惊险紧张，令人心惊，从一个侧面反映了中国奴隶社会搏击比赛的残酷以及功夫技术发展的水平。

据《史记》记载，夏王桀、商王武乙和商纣王都能徒手生擒猛兽。可见，人类社会早期，属于弱肉强食、以搏击决胜的时代，那时的帝王也多是武功超强之人。仔细想想，也不难理解，人们遵从以武力决胜的规矩，武功泛泛之辈怎么能脱颖而出、坐上领导者的高位呢？在当时，奉行的是"拳头大的是大哥"。

源远流长，技术流派大发展

时光继续向前，中国功夫的大发展时期到来了。

春秋战国，是一个更加动荡的时期，诸侯纷争，战争更加频繁。铁器的出现，使武器的质量更加精良，品种也更加丰富。功夫的技击性更是进一步提高，同时，功夫的健身作用也开始受到重视，功夫得到了空前的发展。这时比试武艺已非常普遍，攻防技巧也异常讲究，拳术也出现了进攻、防守、反攻、佯攻等打法。功夫已有较为成熟的技击理论，"内外合一""形神兼备"的见解开始深入人心。

春秋时齐国的宰相管仲，为强国而推行改革，他特别重视训练官兵的实战性。每年春秋两季，齐国都举行"角试"，选拔武艺高强者充实到军队中去，强手不投军会受到惩罚。

这一时期，出现了专门研究功夫、为权贵服务的武士。如荆轲之类的武者作为一个特殊的阶层，受到统治者、豪门权贵的重视与资助，也促使这些人精研功夫，提高技能，以报答主人的知遇之恩。春秋时，越国有一位著名的女击剑家，时称"越女"，她不但剑艺出众，而且掌握了一套先进的技击理论。

秦汉时期，盛行角力、击剑以及"刀舞""力舞"等。中国有一个著名的典故，出自楚汉相争时期的"鸿门宴"上——"项庄舞剑，意在沛公"。这说明当时的功夫已由单纯的攻防实战，发展成有观赏效果的套路形式。

项羽是中华数千年历史上最勇猛的武将之一，号称"力拔山兮气盖世"的"霸王"，神勇无双。在他生活的时代，功夫的内涵逐渐丰富，已不仅

仅追求简单的勇武，武者的智谋也受到推崇。百战百胜、英勇无敌的项羽，最终落得乌江自刎的悲惨结局，不得不说是智谋不足、情商不佳惹的祸。

汉代是功夫大发展的时期，酒宴中常出现剑舞、刀舞、双戟舞等套路形式。徒手的拳术表演和比赛也深受欢迎，表演者可单练、对练，也可多人群舞。

汉朝著名的将领李广，才气过人，胳臂长，善射箭。与匈奴交战七十多次，均出其不意，神速取胜，匈奴称他为"飞将军"。汉武帝派李广镇守右北平，匈奴听说李广来了，纷纷逃避，多年不敢入侵。由此可见，在汉代，智谋在战争中发挥着越来越重要的作用，这对提升功夫的思想内涵起到了促进作用。

中国从唐朝时开始实行武举制，练武之人的好日子才真正到来。过去被人藐视的"打把式"卖艺的穷小子，此时有了成为"武状元"的机会。史上享有崇高威望和声誉、军功最为卓著的"武状元"是唐朝的郭子仪。他戎马一生，屡建奇功，且"权倾天下而朝不忌，功盖一代而主不疑"，可见其为人处世之道也很成功。与史上动不动就被人陷害致死的大功臣相比，郭子仪的成功不能不说是个奇迹，也证明了武功谋略的重要性。

以功夫闻名于世的少林寺，隋末因协助李世民荡平割据势力王世充有功，更加声名大震。唐朝廷允许少林寺养练僧兵，为少林派功夫的发展、流传奠定了基础。随后以其为源头的一系列北派功夫日渐繁荣。

　　唐朝，武人练拳、练剑，而文人也以佩剑、舞剑为荣。有文献记载，诗仙李白、诗圣杜甫这两位文人的杰出代表，青年时都曾学过剑术。杜甫笔下公孙大娘的剑术更让人叹为观止："昔有佳人公孙氏，一舞剑器动四方。观者如山色沮丧，天地为之久低昂……"充分反映出当时剑术套路已经发展到令人惊叹的水平。

　　隋唐时期的武林英雄层出不穷，武功盖世者更是繁若星辰，他们的传奇故事，在《隋唐演义》等作品中多有体现。秦琼、罗成、李世民、李元霸、裴元庆……一大批武功超绝、忠义豪放的英雄，令人油然而生仰慕之情。

　　宋元时期，民间练武活动蓬勃兴起，已有民间结社组织专门研究武艺，以后的武馆即由此发展而来。此时，在街头

巷尾有很多套路演练，当时大受欢迎的被统称为"百戏"的表演，其实就是功夫表演，有角抵、使拳、踢腿、使棒、弄棍、舞刀枪、舞剑以及打弹、射弩等项目。"十八般武艺"一词也出现于宋代的典籍之中。宋朝的开国皇帝赵匡胤属于马上皇帝，文治武功不在话下，而宋朝的经济繁荣也是中国历史上数一数二的，经济繁荣促进了社会文化的发展，功夫的繁荣更在其中。

明清时期，功夫得到进一步发展。此时，流派林立，拳种众多，竞争激烈，百家争鸣。少林、武当弟子满天下，形成了少林拳、太极拳、形意拳、八卦拳等主要的拳种。而且，中国人讲究扬名立万，这一时期的拳种多以创建者、擅长者的姓氏命名，对功夫的广泛传播起到促进的作用。

明太祖朱元璋是一个重视"文武全才"的皇帝，主张

"武官习礼仪，文人学骑射"。上行下效，使功夫在明代更加繁荣昌盛，尤其是套路性的发展已远远超过对抗性的发展。

中国功夫的传承多靠师傅对徒弟的口传身授，又囿于门户之见，封闭保守，以文献形式保留下来的绝世武功并不多。明代文武全才的风气盛行，功夫家也纷纷著书立说。据不完全统计，除戚继光的《纪效新书》外，重要的专著还有唐顺之的《武编》、俞大猷的《正气堂集》、程宗猷的《耕余剩技》、何良臣的《阵纪》、茅元仪的《武备志》、吴殳的《手臂录》等，为后世保留下珍贵的武学遗产。

到了清朝，清廷为维护自己的统治地位，一度限制练武，所以清代的功夫活动不如明代活跃。但由于当时存在许多反清复明的组织，力图以武力推翻清朝的统治，这反而使各种功夫流派的发展更加兴旺。出现了以地区分为南派、北派，以山川分为少林派、武当派，以宗教分为佛家的外功、道家的内功，以门类分为太极门、形意门、八卦门、迷踪门，以及长拳类、短打类等各种功夫流派百花齐放、格外繁荣的局面。

走出国门，世界交流促和平

到了近代，功夫逐步成为中国体育的有机组成部分。民国时期，由于社会的进步，火器的普遍使用，战争几乎告别了冷兵器，功夫的健身作用就更为明确，功夫更主要是以体育运动的形式出现在社会生活之中，功夫更加平民化。

1910 年，在社会名流的支持下，功夫大家霍元甲在上海创办"中国精武体操会"。1927 年，中央国术馆在南京成立。1936 年，中国国术队赴柏林奥运会表演，首次在世界各国人民面前展示了中国功夫。

新中国成立后，功夫运动得到长足发展，有一大批专职人员研究功夫的继承与发展。1954 年，各地体育院系开始把功夫列入正式课程；1958 年，中国武术协会在北京成立；1985 年，在西安举行了首届国际武术邀请赛，并成立了国际武术联合会筹委会；1987 年，第一届亚洲武术锦标赛在日本横滨举行；1994 年，国际武术联合会被国际单项体育联合会接纳为正式会员；2002 年，武术成为国际奥委会承认的体育项目，这意味着中国人"把武术推向世界"的宏伟目标正逐步实现。

如今，中国功夫已被世界各国人民了解、喜爱，这要归功于武侠小说及武侠电影、电视剧的广泛传播。梁羽生、金庸、李小龙、成龙、李连杰……众多大师级的中华名人，不遗余力地推启世界之门，传播中国的功夫文化。如今，中国功夫的发展与影响达到了前所未有的程度，随着中国各方面的繁荣与进步，中国功夫必将再次焕发出勃勃生机！

为什么"功夫"在中国诞生？

中国历史悠久，文化的发展、传承从未间断。中国特有的哲学体系为功夫的发展提供了理论指导，既发展了其健体防身的实用性，又赋予了其深刻的思想内涵。在平时，功夫能满足民众强健体魄、陶冶性情的需要；遇到侵害，功夫又能成为御敌、抗暴的手段。

中国功夫的理论体系博大精深，至今还在发展壮大之中。中国有世界上最完整的格斗体系，中国功夫有自己独特的讲究，强调"天人合一"，重在平衡——攻守平衡、刚柔平衡、

技击与健体平衡……这些至今仍为练武者所遵循。

中国功夫门派众多，这在世界武术中非常罕见。据统计，目前中

国"历史清楚、脉络有序、风格独特、自成体系"的拳种就有300多个。激烈的竞争，成为功夫在中国发展的力量源泉。

另外，中国功夫很少受客观条件限制，有更为广泛的适应性，没有器械也可以徒手练功，任何时间、地点都可以演练起来，深受百姓欢迎。

最根本的一点是，练中国功夫的人最多，有这样的群众基础，才产生、继承、发展成这样的"功夫"。

链接2

中国功夫的最佳境界是什么？

中国功夫不是简单地摆个"Pose"，也不单是影视中华丽

的拳脚与特技，更不是银幕上、小说里刀客、剑侠的飞来荡去、来去无踪。真正的中国功夫，是行云流水、气定神闲，是潇洒自如、意志弥坚。中国功夫更注重防身健体、武德高尚。武者，穷其一生追求完善自我、道法自然。武功高者，拥有强大的力量却从不炫耀，绝不好勇斗狠，他们讲究切磋交流，机智内敛。集大成者，常怀感恩之心，坚守至善、谦和、诚信、果敢的情怀。中国功夫的最高境界，在于传承自强不息、厚德载物的民族精神，让祖国灿烂的传统文化发扬光大。

中国功夫的文化内涵

20 世纪 80 年代中期，有中国人到非洲出差。一出喀麦隆机场，路边一群无精打采的黑人少年见到驶来了中国人乘坐的汽车，立刻煞有介事地摆出功夫片中的"Pose"，嘴里不停地喊着："嘿！哈！"他们呼喊、蹦跳着追着汽车跑出好远。这一幕会让所有中国人油然而生出一种自豪感。这些非洲孩子正是因为看了功夫片，才误以为凡是中国人都是功夫高手，因此他们见到中国人普遍怀着一份崇敬之情。

中国功夫得到世界各国人民的喜爱，与它具有的深刻内涵有关。那么，功夫的特质具体体现在哪些方面呢？

中国功夫的特点

入门难，苦心志

想学功夫，在意志品质方面没有两下子可不行。传统功夫里的一大串基本功往往让人头痛，"入门先站三年桩"，急功近利者是无法忍受的。看过电影《少林寺》的人应该对少林武僧翻山越岭到河边打水的情节印象深刻，这种既干活儿

又练臂力的训练方式，观众看了只会心一笑，可对于每天习练的人来说，却格外艰辛，要靠毅力坚持。通常，只有咬牙扛过几年这样的艰苦训练，才算入门。"尚武崇德"是功夫精神的核心。"尚武"就是要培养"自强不息"的精神，尚武者在坚持不懈的艰苦锻炼中，才能使体魄不断强健、技能不断提高、意志不断坚强。无他，唯有坚持，这是练武者自始至终要遵守的不二法则。

规矩多，重品德

"徒访师三年，师访徒三年。"习武讲究拜名门，跟随德高望重的师傅修炼。中国人常说："一日为师，终身为父。"习武者一旦拜师，是不能轻易反悔的，除非被逐出师门，一般人不会半途而废、改换门庭。否则，便很难在武林立足。

所以，择师异常重要，投错师门是练武者最大的悲剧。而师傅对徒弟的考察更是精心，不孝顺父母、不爱国爱家、不尊师重友、只说不练"嘴把式"、好高骛远不吃苦、德行差、没有尚武精神者，均不收不教。师傅收徒，宁缺毋滥，绝不引狼入室，辱没师门。

"要练武，先做人。""未曾学艺先学礼，未曾习武先习德。"中国人历来把武德列为习武的先决条件，要求习武者要"尊师重道，德艺双修"，"力戒逞匹夫之勇，好勇斗狠"，还要"扶危济贫，除暴安良"，做到匡扶正义、见义勇为，更要精忠报国、强种御侮。练武的目的在于"爱国、修身、正义、助人"。

功夫的本质是技击，技击必然涉及残酷的暴力。然而，功夫的仁德精神却要求智取对方，尽量避免杀人取命。有道是，"不战而屈人之兵，善之善者也"。以武会友，更是讲究点到为止，以礼相待。

境界高，艺难练

中国功夫的一大特色是具有套路形式，它是中国传统文化重"道"的思想体现。中国的传统哲学强调凡事都要合乎

道，合乎规律，讲究规矩。中国的诗词歌赋、舞蹈戏剧、书法绘画等都讲究一定的程式，功夫套路亦是如此。

中国的传统哲学还讲究"天人合一"，功夫讲究"内外兼修"，不仅强调外练，更注重内练，正所谓"内练一口气，外练筋骨皮"。"重智轻力"也是中国传统文化的特点。功夫中能够做到"四两拨千斤"、"以柔克刚"，历来被视为较高的境界，这些都体现了中国功夫"尚巧"的特色。比试中以巧取胜往往得到人们的称赞，而靠蛮力取胜往往为人所不齿。人们常说"穷寇莫追"，意即得胜便点到即止，绝不斩尽杀绝。

这样高的境界，泛泛之辈随意修炼，绝不可能得其门而入！想成为武林高手，谈何容易？难怪宗师级的人物自古屈指可数。然而，一旦一个人的修为达到理想境界，就会得到至高的荣耀与普遍的尊重。这也是江山代有人才出的深层动力。

中国功夫的理论基础

世上的任何实践活动都离不开理论的支持，没有坚实的理论基础，任何技术都不能发展到较高的水平。中国功夫也不例外。中国功夫之所以在中国产生、发展，繁荣至今，是因为有中国这片特殊的土壤，有中国人的集体智慧以及这种智慧孕育出的奥妙无穷的理论。

时至今日，任何研究中国功夫的人都承认，中国的传统哲学思想是中国功夫的思想源泉。中国的传统哲学思想宝库中，对功夫有较大影响的有道家学说、周易学说、五行学说、太极哲理以及孙子哲学等。周易学说产生了功夫的阴阳观，八卦掌就是以阴阳八卦化生的观念为理论基础。还有以五行学说为思想原则的形意拳，以太极哲理为精髓的太极拳，以及以孙子哲学为指导思想的技击战术观等。其中，流传最广、影响巨人的太极拳、八卦掌、形意拳这三大内家拳，具有完整的理论体系和文化内涵，已不再是单纯的技击术，而是将道家的传统精神、理论融会于拳理之中，发展成了既能技击又兼具悟道、内练、养生等道家文

化内涵的功夫流派。

有的功夫流派具有一定的宗教归依。比如，备受世人尊崇的少林功夫，与佛家文化就有着明显的关联。佛教文化来自印度，原始佛教与功夫关系不大，但当佛教文化传入中国并与中国文化结合，产生了禅宗以后，佛教文化就和中国的功夫有了亲缘关系。自古少林寺人才辈出，许多杰出人士不仅在练武实践中勇于改革创新，而且将少林功夫的理论进行了革命性的发展，提出了"拳禅合一"的理论，把佛教的禅定与功夫结合起来，使传统的少林功夫具有广泛而深远的文化意义，地位得到了空前的提高。少林功夫至今长盛不衰，原因即在于此。另一方面，少林功夫与佛家文化的发展相辅相成，佛教的修行方法提高了功夫训练的心理素质；少林功夫带动一大批源于少林的功夫流派风行江湖，也促进了少林寺佛家文化的传播。

内功、气功与"走火入魔"

中国功夫讲究内练。内练牵扯到内功及气功，练气功就有可能"走火入魔"。

　　说起内功，大家可能会想到武侠小说里那些玄妙的气功，认为内功深厚之人能够做到"剑气合一"，甚至能释放"外气"，伤人于十步之外。也有不少人认为气功是伪科学，内功根本就是无稽之谈。那么，到底有没有内功呢？答案是肯定的。

　　功夫的功法是提高功夫技巧的方法，分为内功和外功，即所谓"内练一口气"。内功以调呼吸入手，通过调身、调息、调神，按功法引导真气运行于四肢百骸，增力养气，保养身心，缓解疲劳。内功修炼可以提高耐力、战斗力和自我保护能力。内功不只是对内脏的锻炼，还包括对精神、心态的调节。

　　有人把气功与内功混为一谈。其实，内功专指功夫中与外功相对而言的养内功法，与佛、道的静坐功法有所区别但又有关系。内功以气功为基础，而气功包括内功、外功、硬功、软功等。

　　由于有很多气功师声称气功具有超常的功能，目前，人们对气功的认识存在争议。反对者认为，气功非常类似于巫术，不能被主流科学观念解释。气功作为心理暗示疗法或许有用，但是通过练气功获取超自然能力，如释放"外气"

精气神

"隔山打牛""遥控治病"等，则未被科学实验所证实。

看过武侠小说的人，一定对练气功"走火入魔"的现象印象深刻。有人练气功时，会不断体会到一些气功效应，有时有些效应是不妥当的。通常不妥功效持续的时间较短，经过适当的调整很快会消失。但如未得到及时纠正，有的也会逐渐引发持久的心理和行为异常，严重者可影响正常的学习、工作和生活。这些心身障碍叫"练功出偏"，俗称"走火入魔"。"走火入魔"是心理精神疾病，轻者为心理障碍，重者成为精神病。自古以来，关于"走火入魔"的记载有很多。有人指出，"走火入魔"者同其他精神病人一样，大多在学功之前就已有精神心理障碍倾向了。

温馨提示：建议功夫爱好者一定要在专家的指导下练气功。并且，气功的修炼和其他技艺一样，要从基础练起，循序渐进。其实，强身健体的方法有很多，如果你想健身，又缺少师资指导条件，大可选择其他危险性较小的自练项目。

行走江湖游侠梦

　　武侠，武侠，论武必说侠，有些武侠小说"宁可无武，不可无侠"。中国人几乎都有一个武侠梦，在中国人的心中，一直都给"侠"留有重要的位置，那是一方正义、诚信、豪情驰骋的净土，那是一座自由、浪漫、神圣的理想家园。

　　"侠文化"在漫长的中华历史上有着特殊而又举足轻重的地位。何谓"侠"？任何人"遇危难，急援手"都可以被称为侠。侠是一种为国为民的精神，一种路见不平拔刀相助的豪情。侠文化伴随着中华文明的起伏而历经风雨，成为中华传统文化的部分缩影。

先秦时期，"侠"与"夹"是一个字，而"夹"的本义是指有人追随。侠是春秋战国社会激变中产生的一个新的社会集团。先秦的侠多出身于贵族，因为只有贵族才有经济和精神实力把人聚拢起来。侠，重在精神，但没有功夫，也不能行侠仗义，因此，功夫的高低，是侠义能否行使的保证。这就是说，侠文化与功夫有着分不开的关系。

中国的侠，最早可追溯到春秋战国时代，战国四君子之一的孟尝君，门下三千食客。这些食客，其实就是游侠，他们可以自由行动，活动能力非常强。即使犯法，也会受到"养"者的庇护。这便是最初的侠。这时期的侠，依赖于养者，是私人力量。很多人为报知遇之恩，不顾性命铤而走险，在这些人中出现了刺客。司马迁在《史记·游侠列传》中特意分出《刺客列传》，以区别于游侠，而刺客中也有一部分人具备侠者风范。

中国历史上有两个时代游侠最多，就是汉、唐。因为汉、唐皆属于后贵族社会。它们的前代先秦和南北朝是贵族社会，到了汉、唐，虽然大一统的皇权专制已经形成，但贵族风俗、观念并没有完全消失。

秦统一中国之后，铲除一切民间思想，游侠更受到取缔。然而"贵族精神"却不是一时半会儿可以完全被消灭的。一些在民间秘密活动的游侠继承了这种精神，如出身世家的项羽、张良等人，在秦朝末年，他们游走江湖，投入过抗暴和复国的斗争。最引人注目的"田横五百士"更体现了先秦的贵族遗风。

我们印象中的侠，多受武侠小说的影响，武功高强，锄强扶弱，放荡不羁，这是所谓的江湖之侠。那么，侠客所追求的独特思想品格是什么呢？

一是帮助他人解决困难，勇于主动拯救处于生死边缘的人，为了他人不怕死，并不求回报。二是为救人，敢于对抗强权。三是讲诚信，一诺千金。救人救到底，绝不半途而废，明知不可为而为之。四是行为低调，不逞强，不自我炫耀，做默默无闻的奉献，目的达成，便悄然而去。

封建社会，"普天之下，莫非王土；率土之滨，莫非王臣"，人治大于法治。人的基本权利根本得不到保证，善良的人们只能渴盼明君、贤臣的出现，当然，他们也盼望侠客的到来。在残酷的现实面前，当前两个期盼落空时，希望便落在能够匡扶正义、替天行道、救民于水火的侠客身上。而残酷的现实往往证明这也只能是希望而已。那些行侠仗义、扶弱济贫的侠客很少能够被盼来。在没有民主与法治的封建社

会中，即使出现几个真正的大侠，也没有能力让人们生活得心安、自由。

中国历史上，有不少地方势力虽然号称侠义，实际上却是一群仗势欺人、横行乡里的"黑社会"。有些年轻人想学游侠，但自身条件与游侠的标准相去甚远，只能学学游侠的皮毛，如滥用武力等。结果，出现许多名实不符的"游侠"：把好勇斗狠、滥杀无辜当成了行侠仗义；把吃喝玩乐、青楼买笑视为了游侠的潇洒。

值得一提的是，2012年5月10日，由游族网络发起了"侠文化"活动，提出"做顺应天意的事，做正直优良的人"，创立"做大侠"基金，鼓励好人好事，推动现实生活中的侠义之举。这说明在中国，侠义情节至今未泯，但随着社会的进步，人们已经可以正确认识和对待"侠文化"。

侠士的情操

田横（前250—前202年）是秦末齐国旧王族，继田儋之后为齐王。生于狄邑（山东高青县高城镇），是中国古代著名的义士。陈胜、吴广起义，豪杰纷纷响应，田横也参与抗秦。汉高祖统一天下，田横不顾齐国已经灭亡，和他的五百将士困守在一个孤岛上（现名田横岛）。汉高祖听说田横很得人心，担心日后为患，便下诏书说：如果田横来降，可封王封侯。否则，便把他和他的将士全部消灭。田横为了保护岛上的五百将士，自己带了两个部下离开了海岛。在距离京城三

十里处，田横自
刎而死，死前嘱
部下拿着他的头
去见汉高祖，表
示自己不愿屈辱
投降，由此保住
了岛上人的性
命。汉高祖以王
礼厚葬了田横，
封那两个部下做
都尉，但他们也
自杀于田横墓
前。汉高祖派人
去招降岛上的

人，他们听说田横已自刎，便全部投海而死。

朱家是与汉高祖刘邦同时代的游侠，《史记》中记载他是
鲁国人。在战乱中，朱家救过许多人的性命，其中名声卓著
的"豪士"就有上百人。朱家为助人花钱无数，自己却过着
极为简朴的生活。他助人从来不求回报，被救助的人做了高
官，他便终生不再去见。朱家的高风亮节传遍天下，很多人
都愿意与他密切交往，但朱家却非常低调，很少交游。

"武功秘籍"今何在？

应该说，男性从小就有一种英雄情结，柔弱的小男生更

是如此，他们常常幻想着能得到一本"武功秘籍"，然后参照秘籍，无师自通，瞬间成为功夫高手。之后，剑走江湖，行侠仗义，演绎出一段段惊心动魄的传奇。

世上真有"武功秘籍"吗？

其实，传授功夫的书籍的确存在，只是不像小说里描述的那样神奇罢了。得到武功秘籍，简单地自学恐怕不行，要在师傅的指点帮助下，通过艰苦的训练，才可能在功夫方面有所建树。要真像人们想的那么容易，岂不是武林高手遍天下了吗？

中国历史上，每朝每代都有一些功夫大师，他们不仅亲身实践，而且把各个时期的功夫精髓精炼、整理，使之得以传承。这些人的功绩自不必说，在师徒亲授、保守封闭的旧时代，能够把功夫精髓公之于众，更是难能可贵！

较早的所谓"秘籍"首推《汉书·艺文志》中提到的《手搏六篇》《剑道三十八篇》等。这些中国最古老的功夫著

作，虽都已散佚，但由此可知，早在汉代，中国的拳术、剑术等功夫就已用文字记载下来了。我们完全可以想象，在中国功夫之路上探索

的武林后进，如果得到这两本"秘籍"，该会有多么惊喜！

宋代的曾公亮和丁度编撰的《武经总要》，成书于1044年，是一部奉皇帝之命，花费五年时间编写而成的军事著作。该书是中国第一部规模宏大的由官府资助的综合性军事著作，对于研究宋朝以前的军事思想非常重要。其中涉及功夫的内容颇多，大篇幅介绍了武器的制造，对科学技术史的研究也很值得一提。

明代"嘉靖八才子"之一的唐顺之，文武全才，是儒学大师、军事家、散文家、抗倭英雄。当时倭寇屡犯中国沿海，唐顺之督师浙江，亲率兵船破倭寇于海上。他所著的《武编》，介绍了明代以前各种功夫器械和各派拳术的练法。《唐荆川先生文集》是他的随笔和文集，其中涉及功夫的篇章有《游嵩山少林寺》《杨教师枪歌》《峨嵋道人拳歌》等，对后世有深刻影响。

《正气堂集》为明代俞大猷著，又名《北虏忌讳》。此书载有《剑经》，被戚继光在《纪效新书》中转录。俞大猷是著名民族英雄、抗倭名将、功夫家、诗人、兵器发明家。他一生坎坷，"受重用时名声显赫，受贬责则沦为囚徒"。俞大猷戎马生涯四十七年，战功赫赫。"俞家军"威名远扬，与戚继光并称"俞龙戚虎"。

明代抗倭名将戚继光一生军功卓著，他所创立的"戚家军"令倭寇闻风丧胆。他所著的《纪效新书》收录了"杨家六合八母枪法"、俞大猷的《剑经》和戚继光自编的《拳经三十二势图诀》等。此书在以后出版的《武备志》《三才图会》中均有转载。此外，朝鲜在此书的基础上编成《武艺图谱通志》，日本江户时代的兵法家平山行藏也曾翻印刊行此书。

明代的军事、功夫著作颇丰，除上面介绍的以外，还有郑若曾著的《江南经略》，记述了功夫流派。谢肇浙著的《五杂俎》，记述了当时功夫的发展情况，并把少林拳称为"少林寺拳法"。何良臣著的《阵纪》，记述了射、拿、拳、棍、枪、筅、牌、刀、剑、短兵等功夫，此书被收入《四库全书》。程宗猷的《耕余剩技》共四卷，即《少林棍法阐宗》《单刀法选》《长枪法选》和《蹶张心法》，介绍了少林棍法，图文并茂，近代更名为《国术四书》。

由明代少林寺玄机和尚传授，陈松泉、张鸣鹗撰写的

《拳经》，清代康熙初由张孔昭补充，乾隆年间又由曹焕斗补充。民国时期，曾先后被改名为《玄机密授穴道拳诀》和《拳经拳法备要》。此书是记述少林拳术的名著，为少林功夫的研究做出了极大贡献。

清代，黄百家著有《内家拳法》。黄百家自幼师从王征南学内家拳，在师傅死后七年著成此书，记述有"五不能""打法""穴法""禁犯病""练手者卅五""练步者十八"等内容。

陈氏太极拳阴阳相合，刚柔相济，实践与理论并重，成果极其显著，在海内外享有极高的声誉。清代的陈鑫著《陈氏太极拳图说》，费时十余年，是太极拳的重要著作之一。该书记述陈氏太极拳的动作和理论。除此之外，陈鑫还著有《太极拳引蒙入路》《三三拳谱》等书，称得上陈氏太极功夫的理论家。

此外，还有很多"秘籍"为中华功夫的传承和发展做出了不小的贡献。这里介绍的"秘籍"不过是中国历史上较为重要的功夫著作的一部分。还有大量功夫"秘籍"由于篇幅所限，不可能一一介绍。有兴趣的朋友可在中华功夫的宝库中继续探索，相信一定有更多令人惊喜的发现。

1

功夫界抱拳礼的含义

抱拳礼是中国的一种传统礼节，在功夫界，本着为和平与友谊服务的宗旨，抱拳礼被赋予了新的含义：右手握拳，寓意尚武；左手掩拳，寓意崇德，以武会友；左掌四指并拢，寓意四海武林团结奋进；屈左手拇指，寓意虚心求教，永不自大；两臂屈圆，寓意天下武林是一家。

真的有神奇的轻功吗？

有，但并非像电影、电视剧中的武侠那样可以随心所欲地飞檐走壁、腾空飞行。练习轻功，旨在提高练武者的平衡能力、身体的灵活性等。轻功与其他功力结合运用，能起到提高整体技术水平的辅助作用。

轻功的练法很多，大多是渐进式练习。武侠作品里的水上漂、草上飞、蹿房越脊，都需要借力。练功人脚绑沙袋练习跳跃、跑墙，要先练45度角的，再练60度角的，之后练90度角的，之后解下沙袋就能身轻如燕了。还有一种有趣的练法，是将一个直径两米的竹笸箩装满沙子，人在笸箩边上走，熟了就练跑，要求是不能把笸箩踩翻。一开始，沙子多，笸箩沉重，不难办到。接着，用碗从笸箩里把沙子掏出去一碗，再跑。熟练了再掏一碗……当笸箩里的沙子被全部掏空的时候，就达到要求了。这种练法如同每天抱小牛练力量，随着小牛一天一天长大，练功者的力量也会随着增长。你看，古人的练功方法也很有幽默感吧！

揭秘点穴功夫

在很多武侠小说和影视作品中，我们经常会看到高手过招时使出神奇的点穴功，瞬间令对方动弹不得。

那么，现实中的点穴功真的这么厉害吗？

点穴功夫的确存在，可以将人点死、点晕，甚至点笑，但把人定住的点穴法是没有的。

记述点穴推拿按摩的《浑天法要》记载了点穴法，点穴其实就是点到身体相关穴位后，截住血脉，导致身体的某些器官停止工作，使身体功能异常。有些不太重要的穴位被点，即使不解穴，也可以自己缓解过来。但重要的穴位不能随便乱点，如果被点中，必须要解穴，否则真的会出人命。有的要害部位被功夫深厚的人点到，可能一下就被点死了。

点穴的人必须有极强的手指功力。有的人指力没那么强，会在手指上套一支"判官笔"。人被点了某些穴位后，会有酸、麻、疼感，胳膊、腿抬不起来。如果被点了死穴，也不一定必死无疑，在短时间内解穴，恢复气血运行，还是可以救过来的。

温情提示：点穴功夫非儿戏，请不要随意模仿，以免发生危险。

中国功夫流派

中国功夫讲究刚柔并济，内外兼修，有刚健、雄美的外形，更有典雅、深邃的内涵，蕴含着先哲们对生命和宇宙的认识，是中华民族长期积累起来的文化瑰宝。其门派林立，武功种类浩如烟海，让世人叹为观止。

提起功夫流派，人们难免想起武侠小说中的各大帮派，想起那些叱咤风云、来去无踪的各帮帮主，想起那些与他们有关的江湖传说……但，现实与传说之间往往有一些差距。

下面，我们就来了解现实中的功夫流派。

中国功夫的流派要从功夫技艺的风格特征说起。中国功夫由拳术和器械套路组成。拳种不同，套路各异，有长有短，有柔有刚，经过长期的实践、发展、创新，形成了风格不同、各有特色的功夫品种。大浪淘沙，优异者被继承、发展，形成影响深远的功夫流派。

中国功夫引人入胜，分类也十分有趣。按流行地区分类，可分为南拳、北拳；按山脉、庙宇分类，可分为少林拳、武当拳、峨眉拳；按形象分类，可分为鹰拳、虎拳、猴拳、螳螂拳等。拳术类包括长拳、太极拳、南拳、形意拳、八卦拳、八极拳、通臂拳等。器械类包括刀术、剑术、枪术、棍术四大主要形式。

中国功夫最著名的三大流派是少林派、武当派和峨眉派。

少林派

"天下功夫出少林"，这是多么高的评价！从古至今，少林功夫一直是中国最具权威性、代表性、宗教文化内涵，且最有神秘感的功夫流派。

少林功夫发源于河南嵩山的少林寺。相传，著名的达摩祖师在少林寺面壁九年，苦心修炼，创造了少林派功夫，使少林功夫一开始就具备了深厚的文化内涵，具有修身养性、善化人性、清静无为的武

德。和其他派别不同，少林功夫讲究的是"禅武合一"，佛教文化哲理的"禅"与功夫相辅相成，达到至高的境界。

因为禅宗不偏重武技，而是以禅定功夫为根基，不争强好胜，无尘俗纷扰，武僧们心静如水、无患无虑。这样练功反而得以步入武学的较高境界，可见禅法的神奇。

任何功夫流派，都不可能是一人一时所能创立的。实际上，少林功夫的发展与不少杰出人士来到少林，长时期殚精竭虑地吸收、综合各种功夫精华，不断发展、创新出具有少林禅宗特色的功夫有着必然的联系。

少林功夫的内容极为丰富。少林拳的精华被称为"少林五拳"，包括：龙拳、虎拳、豹拳、蛇拳及鹤拳。有小洪拳、大洪拳、罗汉拳、梅花桩等几十种拳法，还有刀、枪、剑、铲、棍等器械技法，少林易筋功、小武功、阴阳功、混元一气功等气功也很出名。在一千多年的发展过程中，少林拳逐渐分为北派少林拳和南派少林拳。

明代少林武僧月空算得上一个身怀绝技的著名人物。据《日知录》《倭变志》记载，明朝嘉靖时，月空率僧兵三十余人，开赴前线抗击倭寇，武僧持七尺铁棒击杀大量倭寇。在救援被倭寇劫持的百姓的过程中，他们误中倭寇的埋伏，三十名武僧全部战死沙场，在少林僧兵抗倭史上书写了可歌可泣的一页。

轰动世界的少林功夫

让少林功夫再次深入人心的机遇来自一部电影。20 世纪

80年代初，电影《少林寺》轰动海内外，一股"少林功夫热"席卷世界，此后，不少外国人慕名来到嵩山少林寺学习功夫。少林功夫又焕发出新的活力，得到了极大的发展。

少林武僧曾应邀到世界各地表演，所到之处无不掀起一阵中国功夫"旋风"。表演者还曾受到英国女皇伊丽莎白二世的特别邀请，到白金汉宫表演。

如今，提起中国功夫，人们首先想到的就是少林，在中国，已没有哪个流派的声誉盖过少林。

武当派

武当山是道教圣地，与少林寺的嵩山齐名，自古就有"北宗少林，南崇武当"之说。武当派弟子以侠义名满天下，同门帅兄弟之间极重情义。

武当派为内家功夫之宗，始于宋朝而兴盛于明清。传说，武当派为宋人张三丰所创，据称张三丰精通少林功夫，并将其发展、改变，形成自成一体的武当派功夫。武当功夫的特

点是强筋骨、运气功，强调修炼内功，讲究以静制动、以柔克刚、以意运气、以气运身。武当派轻易不主动进攻，然而受到侵犯时的反击却非同小可。

近代有人将太极拳、八卦拳、形意拳合称为"内家拳"，归宗"武当派"。此外，武当派代表性的拳术还有九宫神行拳、九宫十八腿、鹞子长拳、猿猴伏地拳和武当太乙五行拳等。武当派的剑术水平颇高，潇洒飘逸，影响最为深远。武当兵器有武当剑、白虹剑、六合枪、六合刀、松溪棍等。太极拳在长期流传中，演变出许多支派，流传最广、影响最大的太极拳有陈式太极拳、杨式太极拳、吴式太极拳、武式太极拳和孙式太极拳，以及简化太极拳、四十八式太极拳、八十八式太极拳等套路。

据记载，武当派著名人物有王宗、张松溪、叶继美、吴昆山、单思南等一大批武林高手。武当的支派有松溪派、神剑派、轶松派、龙门派、玄武派、北派太极门等。近代的许多内家拳大师具有较为深厚的文化素养。如陈式太极拳的创始人陈王庭、孙氏太极拳创始人孙禄堂，形意拳大师郭云深、王芗斋等，不仅有极佳的悟性、高超的武功，而且有很深的理论素养。

峨眉派

"青城天下幽，峨眉天下秀。"提起四川的名山，人们总会想起这两句令人心驰神往的"广告语"。秀丽的峨眉山让无数亲近自然的人去而复返，人们在领略美丽的自然风光的同时，也会想要体验一下峨眉派功夫的神奇。

峨眉派功夫的主要特点是动作小，变化大，以柔克刚，借力打力，动静相辅。峨眉拳有僧门、岳门、杜门、赵门四大家和洪门、化门、字门、慧门四小家，还分为黄林、点易、青城、铁佛、青牛五大门派。此外，峨眉派的气功与摔跤技术也在中国功夫中占有一席之地。

在金庸的武侠世界里，峨眉派的创始人是郭靖的女儿郭襄，所以，人们误以为峨眉派高手是一些柔弱的女侠。

但，事实上，创立峨眉派的是一位须发飘逸的男性。

峨眉派功夫起源于先秦时期。据史书记载，峨眉派的创始人是战国时期的武师司徒玄空。因他在狩猎术的基础上，模仿峨眉山

的白猿创造了白猿剑法和白猿通臂拳，被称为"白猿公"。还因为司徒玄空经常穿白衣，故被徒众称为"白猿祖师"。

　　峨眉派功夫在南宋时期臻于完善，代表人物有"白云禅师"和"白眉道人"。白云禅师创编的十二节"峨眉气桩功"，被后人称为"峨眉十二桩功"，传承至今。另外一名僧人德源长老是令峨眉功夫自成流派的重要人物。他模仿猿猴腾跃的动作，编出一套猿拳。由于德源长老眉毛纯白，被人称为"白眉道人"，功夫界又将猿拳称作"白眉拳"。有趣的是，不少人以为白眉道人是有名的道士，其实，人们称他为"道人"是"得道之人"的意思，他是僧人，并非道士。

峨眉派中的"怪"器械

　　峨眉派功夫不但手法、步法灵活多变，而且器械怪异，有著名的三大"怪"。

　　一怪"精巧峨眉刺"：被誉为峨眉绝学的峨眉刺是一种短小精致的兵器，陆上、水中都能使用。它是由白眉道人创造的一种兵器。高手使用，往往神出鬼没，令人防不胜防。

　　二怪"柔美峨眉剑"：峨眉剑术以柔美著称。尽管峨眉剑法中的文姬挥笔、索女掸尘、西子洗面、越女追魂具有明显的女性特点，但峨眉剑并非专由女人习练，并不阴柔。它是僧人在"白猿二十四法"的基础上逐步完善的，其动作严谨，招式迅捷，击法明快，更能以巧取胜。

　　三怪"多变峨眉枪"：峨眉器械中，能够与峨眉剑齐名的，是名扬天下的峨眉枪。枪法洗练多变，威力无穷。明代中期，峨眉的枪法与福建泉州的棍法和剑术曾经独步天下。

链接2

峨眉派功夫为何"不出门"?

峨眉派有非常严格的门规。按照这些规定，外出的峨眉派弟子，只以"峨眉弟子"自称，不能够乱报师门。

峨眉派一般号称由师傅"代神授徒"，师傅自称大师兄，只让徒弟拜神位，奉行"道门修道，佛门修佛，千古共一师"的遗训。长期以来，有"少林功夫传天下，峨眉功夫不出门"的说法，峨眉派功夫始终笼罩着一层神秘的面纱，外界更是难以了解峨眉派功夫的本来面目。

其他功夫流派

三大功夫流派熠熠生辉，但至今尚有很多影响力不在它们之下的功夫流派，也为人们所津津乐道。

自然门：自然门功夫为湖南人杜心五所传。他自称此术得自四川武师徐矮师。自然门无固定拳套，不讲招，不讲相，以气为归，以不失自然为宗旨，主张动静无始、变化无端、虚虚实实、自然而然。杜心五一生传

奇，饮誉武林。自然门功夫由万籁声等继承并广为传播。

长拳：长拳指传统北派中的一部分拳种，所谓长拳是相对短打而言。现代长拳架式舒展，动作灵活，快慢相间，节奏分明，包括查拳、花拳、炮捶、红拳等拳种。引人关注的迷宗拳是长拳的一种，也称燕青拳、迷踪拳、猊宗拳、迷宗艺等。套路有三十六路，人称"迷踪三十六，艺成天下行"。有关此拳起源的传说颇多：或称创自宋代燕青，故名"燕青拳"；或说燕青雪夜逃往梁山，边走边用树枝扫去足迹，故名"迷宗"。这些传说多无史料证实。

戳脚：戳脚是一种以腿法为主的拳术。相传起源于宋代，明清更加盛行。戳脚的典型动作为玉环步、鸳鸯脚。小说《水浒传》中，武松醉打蒋门神时就用了这种绝招。所以有人把戳脚称为"水浒门"，有"手打三分，脚踢七分"之说。戳脚不仅重于腿功，还十分强调手脚并用。

散打：散打也叫散手，古时称为相搏、手搏、技击等。一般是两人徒手面对面地打斗。散打是国标功夫一个主要的

表现形式，进攻手段为踢、打、摔、拿四大技法。另外，还有防守、步法等技术。散打也是现代体育运动项目之一，双方利用

踢、打、摔等攻防战术进行徒手搏击。

　　截拳道：截拳道是李小龙所创立的融合各种功夫精华的全方位自由搏击术。"截拳道"的意思就是阻击对手来拳之法或截击对手来拳之道。截拳道倡导搏击的高度自由，抛弃传统形式，忠诚地表达自我。"以无法为有法，以无限为有限"是截拳道的思想内涵。它将东西方哲学理念运用于功夫，是一种自由、灵活、实效的搏击术。

链接 1

功夫流派知多少

　　目前，正式被统计在内的中国功夫流派有上千个之多。现存的、比较大的流派包括：罗汉拳、六合拳、梅花拳、花拳、梅花桩、太极拳、陈氏太极拳、杨氏太极拳、吴氏太极拳、孙氏太极拳、八卦太极拳、忽雷太极拳、形意拳、上海派心意拳、山西戴氏心意拳、河北形意拳、宋氏形意拳、六合八法拳、八卦掌、尹氏八卦掌、程氏八卦掌、螳螂拳、北螳螂拳、梅花螳螂拳、七星螳螂拳、通背拳、五行通背拳、三皇炮捶门、劈挂拳、大圣劈挂拳、燕青拳、插拳、

查拳、八极拳、鹰爪翻子拳、鹰爪功、自然门、谭腿、广东南拳、咏春拳、南拳鹤形、永春内功拳、蛇鹤咏春门、老洪拳、洪家拳、花洪拳、永春拳、顺德永春拳、少林永春派、至善永春拳、蔡李佛、雄胜蔡李佛、鸿胜蔡李佛、东江拳等。

各功夫流派的名字

从古至今，中国功夫的创新发展从没有停止过，新的功夫出现，总要有个响亮的名字助其扩大影响。下面就来了解一下各功夫门派的名字。

让人感觉来头不小——以"门"命名：余门拳、硬门拳、法门拳、空门拳、红门拳、孔门拳、风门拳、水门拳、火门拳、佛门拳、窄门拳、孙门拳、严门拳、熊门拳、自然门拳、引新门拳、罗汉门拳、磨盘门拳、水浒门拳等。

人的名、树的影，扬名立万靠功夫——以姓氏、人名命名：岳家拳、赵家拳、戚家拳、蔡李佛拳、罗家三展、胡氏戳脚、郝氏戳脚、陈氏太极拳、林氏下山拳、武氏十八技、燕青拳、孙膑拳、宋江拳、武侯拳、五郎拳、岳王锤、武子门拳、子龙炮拳、太祖散掌、三皇炮捶、孔朗拜灯拳、刘唐下书拳、武松独臂拳、神行太保拳、达摩点穴拳、太白出山拳、甘凤池拳法、燕青十八翻、达摩十八手、孙二娘大战拳、武松鸳鸯腿拳等。

让人一听吓一跳——以"神圣佛道"命名：二郎拳、韦驮拳、大圣拳、八仙拳、天罗拳、地煞拳、哪吒拳、金刚拳、观音拳、佛汉拳、佛教拳、罗汉拳、二十八宿拳、四仙对打拳、罗汉螳螂拳、夜叉巡海拳、金刚三昧掌、夜叉铁砂掌等。

亮绝招，创名声——以技法特色命名：插拳、截拳、挂拳、挡拳、扎拳、套拳、穿拳、撕拳、翻拳、炮拳、剑手、短手、捏手拳、封手拳、劈挂拳、撞打拳、杀手掌、反臂掌、十字手、黄英手、八黑手、金枪手、天罡手、地煞手、四门重手、咬手六合拳、九宫擒跌手、罗汉十八手、二十四破手、三十六闭手、七十二插手、暗腿、截腿、连腿、戳脚、穿步拳、挡步捶、乱八步、五步打、八步转、六步散手、十字腿拳、溜脚架子、连环鸳鸯步、鹿步梅花桩、八步连环拳、九宫十八腿、少林二十八步、鸳鸯连环腿等。

背靠大树好乘凉——以山川地域命名：潭腿（山东临清龙潭寺）、少林拳、武当拳、峨眉拳、崆峒拳、梅山拳、灵山拳、昆仑拳、关东拳、关西拳、龙门拳、登州拳、水游拳、西凉掌、太行意拳、洪洞通背拳等。

形神兼备——以动物命名：龙拳、蛇拳、虎拳、豹拳、鹤拳、狮拳、象拳、马拳、猴拳、彪拳、狗拳、鸡拳、鸭拳、龙形拳、飞龙长拳、青龙出海拳、黑虎拳、白虎拳、飞虎拳、八虎拳、回头虎拳、白鹤拳、鸣鹤拳、飞鹤拳、五祖鹤阳拳、独脚飞鹤拳、金狮拳、狮虎拳、二狮抱球拳、猿猱伏地拳、白猿短臂拳、鹰爪拳、雕拳、鹞子拳、燕形拳、大雁掌、蝴蝶掌、龟牛拳、螃蟹拳、灰狼拳、黄莺架子、鸳鸯拳、硬螳螂拳、八步螳螂拳、七星螳螂拳、玉环螳螂拳等。

先来一个下马威——以器械命名：八门金锁刀、八卦刀、八卦大枪、九洲棍、六合刀、六合枪、六合剑、六合棍、日月乾坤刀、日月乾坤圈、少林双刀十八滚、太极刀、太极剑、河州棍、月牙枪、达摩杖、达摩棍、纯阳剑、八仙纯阳剑、武当剑、青萍剑、袁氏青萍剑、杨氏青萍剑、贾氏青萍剑、梅花刀、梅花枪等。

不醉也疯狂——醉拳类命名：八仙醉、水浒醉、醉溜挡、醉八仙拳、醉罗汉拳、少林醉拳、罗汉醉酒拳、太白醉酒拳、武松醉跌拳、燕青醉跌拳、石秀醉酒拳、鲁智深醉打山门拳等。

链接3

功夫流派与社会上的帮派是一回事吗?

不是一回事。中国的社会帮派在先秦时期就已经有了，春秋时百家争鸣，"三教九流"应该是帮派的起源。战国时期，"燕赵之地多豪侠"，这些人多为游侠，后来成为豪门的死士，成了有组织、有纪律的团体。之后，中国各朝各代都有江湖帮派的活动。为了稳定民心，朝廷还支持一些正宗的

江湖帮派。金庸的武侠小说中有关"红花会"的描述，正是这些帮派组织的生动写照。

中国古代就有徽、晋、陕、鲁、闽、粤、宁波、洞庭、江右、龙游等

十大商帮。其中以徽商和晋商规模最大、实力也最雄厚，纵横商界五百年，最后在清末民国时期，被宁波帮后来居上，取而代之。

大的帮派还有盐帮。顾名思义，盐帮就是贩卖私盐的走私帮派。在封建社会，盐铁官营，官僚腐化堕落，他们往往利用垄断盐业的特权牟取私利。江南的盐商往往是草莽之辈，盐业利润丰厚，这些人便铤而走险，组成被称为"盐帮"的贩运团伙，贩运私盐牟取暴利。

漕帮因漕运而兴，垄断着以大运河为主的运输经济。在雍正初年取得合法地位，随后迅速发展壮大，改组后又转入地下。在乾隆年间，漕帮势力已经发展到让朝廷不能小觑的地步，民间甚至有"乾隆入帮"的传说。

天地会是清朝时期策划反清复明的组织，又名"洪门"，俗称"洪帮"。天地会以"反清复明，顺天行道，劫富济贫"为口号，反映了当时平民的民族观念和反对阶级压迫的要求。

这些帮派组织良莠不齐，有的有一定的政治纲领，有的纯粹是为了经济利益组合在一起的社会团体。他们或与官府抗衡，独占一方；或与贪官勾结，巧取豪夺，其主要目的是为经济利益服务，与专门研究中国功夫的功夫门派有着根本的区别。虽然各个帮派中不乏武功高手，但其身在帮会之中，主要任务是听命于帮主，服务于帮众，与各功夫门派中的功夫高手有着本质的不同。

昔日英豪

滚滚长江东逝水，浪花淘尽英雄。

是非成败转头空，青山依旧在，几度夕阳红。

白发渔樵江渚上，惯看秋月春风。

一壶浊酒喜相逢，古今多少事，都付笑谈中。

看过央视版《三国演义》电视剧的朋友一定记得这首主题歌。实际上，这首歌曲的歌词来自明代文学家杨慎所作的《临江仙·滚滚长江东逝水》，其含蓄、淡泊、高远、深沉，读来令人荡气回肠，感慨万千。

感动不如行动，借着这浑厚响亮的开场词，让我们穿越时空，领略昔日中华英雄的风采吧。

如果要问，中国历史上的英雄谁才是第一高手？恐怕答案不止百千，就像每个人心中都有一个"哈姆雷特"，每个人的视角不同，心中的英雄也会千差万别。然而，不管是传说，还是史实，凡是中华历史上那些对社会的发展产生过影响、在文化长河中被记载过的英雄人物，他们的故事都值得我们了解。

那么，我们从哪一位英雄说起呢？

中华"战神"

远古时代，中华大地上出了一位令人敬仰的英雄，他就是蚩尤，为上古时代九黎族部落酋长。历史上，关于蚩尤的传说有很多，他骁勇善战，势力强大。他精通武器制造，发明了戈、殳、戟、酋矛、夷矛五种兵器。蚩尤曾经与黄帝交战，这就是著名的涿鹿之战。传说战争过程颇为神奇、曲折。蚩尤善战，"制五兵之器，变化云雾"，"作大雾，弥三日"，黄帝"九战九不胜"，"三年城不下"，战争之艰苦可以想见。当战争终于结束时，蚩尤战死，其部族融入了炎黄部族，形成了今天中华民族的最早主体。蚩尤被后世尊为"战神"，是"中华三祖"之一（另两位是黄帝与炎帝）。

神射养由基

春秋战国期间，战事频仍，功夫高手层出不穷。战乱年代民不聊生，但战争却为功夫高手提供了展示自己才华的舞台。这一时期，有个射箭高手叫养由基，《战国策·西周策》中记载：楚国人养由基，善于射箭，百步之外射树叶，能百发百中。"百发百中""百步穿杨"的典故都与此人有关。人称他为"养一箭"，说他"一箭就足以制胜"。相传，楚庄王见养由基年少英俊，堪称将才，便当面考他，叫他射一只蜻

蜓，要活的，不得射中要害。养由基一箭射去，无声无息，射掉蜻蜓一只，伤在翼上，看得楚庄王满心欢喜。

孔父神勇

中国春秋时期杰出的思想家、教育家、儒家学说的创始人孔子，闻名天下，可他的生父叔梁纥（音 hé）是鲁国著名的武士，却少有人知。叔梁纥身高九尺有余，臂粗腰圆，魁梧健壮，人品出众，博学多才，武功更是当世无双。他曾参加逼阳之战，当时鲁军正在攻城，刚进城一半，悬门突然掉下。如果悬门封死道路，已进城的鲁兵必惨遭杀戮。力大无穷的叔梁纥反应迅速，探双臂将悬门抵住，直到进城的鲁军完全撤出，才放下悬门。叔梁纥力举城门的事迹迅速传开，震惊诸侯各国。

越女剑

越女是如今广为人知的春秋剑术家，《吴越春秋》中记载了越女论剑的故事：越女生活在深山老林里，从小喜欢击剑，凭自己的感悟摸索出独特的剑术。范蠡得知后，立刻邀请她出山任职。途中，老剑客袁公要与越女比剑，两人折竹比试，越女守三招后一招击中袁公，自觉不敌的袁公飞身上树遁走。后来，越女向越王勾践阐述剑道，提出形神兼备、动静相依、长于变化、出奇制胜的剑术理论，并当场表演，果真神勇无敌，受到勾践的赏识。越女将她的剑法传授给越国军官，使

越军战斗力大增。武侠小说大师金庸的《越女剑》就是依据
这个典故写成的。

纪昌学射

甘蝇善射，能百发百中。他的弟子飞卫，射术更高。纪
昌想向飞卫学习射箭，飞卫说："你要先学会看东西不眨眼
睛。"纪昌回到家里，仰卧在妻子的织布机下，努力注视织布
机的运动。几年之后，即使锥子刺向他的眼眶，他也可以不
眨一下眼睛。

纪昌兴奋地来见飞卫，飞卫说："这还不够，还要学会视
物。要练到看小物体像看到大东西一样清晰时，你再来。"纪
昌用牛尾的毛系住一只虱子悬在窗口，远远地看，十天之后，
看虱子渐渐大了；几年之后，在他看来，虱子有车轮那么大，

看其他东西，都像山丘一样大。纪昌射那只虱子，很容易就射穿了虱子的心。纪昌又来告诉飞卫，飞卫高兴地说："你已经掌握射箭的诀窍了！"

纪昌把功夫全学到手了，觉得全天下只有飞卫才是自己的对手，就谋划着除掉飞卫。终于，两个人在野外相遇。双方互射，射出的箭正好在空中相撞，全都掉在地上。最后，飞卫的箭射完了，而纪昌还剩一支，他射了出去，飞卫赶忙举起棘刺去戳飞来的箭头，分毫不差地把箭挡了下来。两个人扔了弓相拥而泣，认为父子，发誓不再将这种技术传给别人。

名将廉颇

廉颇，战国时期赵国杰出的军事将领。秦王曾多次派兵进攻赵国。廉颇统领赵军屡败秦军，迫使秦国改变策略，实行合纵，与赵国讲和。后来，秦、韩、燕、魏、赵，以五国之师共同讨伐齐国，大败齐军。其中，廉颇带赵军伐齐，长驱直入，攻取阳晋，威震诸侯，使赵国跃居六国之首。廉颇班师回朝，被拜为上卿。此后，廉颇率军征战，攻守兼备，百战百胜。秦国虎视赵国而不敢贸然进攻，正是慑于廉颇的威力。

负荆请罪

战国时，赵国有两位重臣——廉颇与蔺相如。因蔺相如多次立功，赵王封他为相国，廉颇不服，认为自己的"武功"要盖过蔺相如的"嘴功"。蔺相如顾全大局，多次避让，廉颇得知他的良苦用心后惭愧不已，便背着荆条到蔺相如家请罪，从此，两人和好，共辅赵王。

常胜将军

秦将白起，名列战国四大名将之首（另三人为王翦、廉颇、李牧）。在长平之战中，白起大破四十多万赵军，并先后破城一百余座，消灭六国军队合计超过一百多万！开创了中国历史上规模最大的包围战先例。在大小七十余战中，白起没有败绩。由于白起的存在，六国不敢进攻秦国。后来，白起被秦王封为"武安君"，他的名字令六国闻之胆寒。

中流砥柱

李牧是战国时期的赵国名将，战功显赫，平生未尝败仗。李牧的一生大致可分为两个阶段，先是在赵国北部边境抗击匈奴，消灭匈奴十万骑兵，从此匈奴元气大伤，数十年不敢来犯。后一时期以抵御秦国为主，曾两次痛歼强大的秦军。因秦将白起曾被封为"武安君"，赵王也封李牧为自己的"武安君"。李牧的结局令人惋惜，他是战国末年六国中唯一能与秦军抗衡的杰出将领，是赵国的中流砥柱，但赵王中了秦国的离间计，夺了李牧的兵权，将李牧杀害。李牧死后三个月，赵国灭亡。

刺客荆轲

战国时期的卫国人荆轲，喜好读书击剑，文武全才。他为报燕国太子丹的知遇之恩，毅然冒死前去刺杀秦王嬴政。作为一个古代的侠客，荆轲是当之无愧的千古英雄。然而，荆轲却没能正确认识到历史发展的趋势。秦国强大，六国衰败，统一已成必然，任何阻止历史前进的做法都是徒劳的。

图穷匕首见

秦国灭了韩、赵两国，迅速向燕国进军。荆轲奉燕国太子之命去刺秦王，以献燕国督亢的地图为名，预先把匕首卷在图里。荆轲到了秦王座前，慢慢展开卷着的地图，让秦王细细观看。快到尽头时，突然露出匕首。荆轲左手抓住秦王的衣袖，右手举匕首便刺。秦王吃惊急退，没刺中。秦王想拔剑自卫，但情急之下一时难以拔出。于是两人绕着柱子周旋。没有秦王的命令，卫兵不敢擅自上前。紧张时刻，侍臣用医箱急打荆轲，并提醒秦王把剑推到背后再拔。秦王顿时醒悟，迅速出剑，一剑砍断了荆轲的左腿。荆轲倒地，将匕首投向秦王，又未中。随后，荆轲被拥上来的卫兵杀死。荆轲刺秦失败，燕国迅速被秦国灭亡。这就是成语"图穷匕首见"的来历。

西楚霸王

项羽是中国历史上最勇猛的武将之一，中国古代杰出的军事家，秦末起义军领袖。秦末，项羽随叔父项梁起义抗秦，在决定性战役巨鹿之战中大破秦军主力。秦亡后，自立为西楚霸王。后在楚汉战争中为汉王刘邦所败。项羽的勇武古今无双，几乎攻无不克，战无不胜。但他在政治上颇不成熟，刚愎自用，面对工于心计的刘邦集团，他无计可施。十面埋伏，四面楚歌，霸王率八千子弟兵战至最后，单人独骑，无颜见家乡父老，自刎于乌江。

多多益善

韩信，汉朝开国名将，与张良、萧何并称"汉初三杰"。韩信为西汉的建立立下了汗马功劳，却也因此引起刘邦猜忌，最后由于谋反，被吕后、萧何骗入宫内，处死于长乐宫。成语"韩信用兵，多多益善"，说明他具有非凡的统兵才能。他为后世留下了大量的军事故事，如"明修栈道，暗度陈仓""背水为营""半渡而击"等。其用兵之道，为历代兵家所推崇。

匈奴克星

卫青是出身卑微、靠战功取得荣耀的汉朝名将。汉初，匈奴强盛，汉朝根本不是其对手，不得不采取和亲的政策。汉文帝时，曾派灌婴击退过匈奴，但并不能彻底打败匈奴。汉朝经过几十年的休养生息，到汉武帝时，国力鼎盛，开始对匈奴发动大规模的反击，卫青因此得以建立功勋。汉武帝

派卫青、公孙贺、公孙敖、李广兵分四路进攻匈奴，只有卫青获胜。卫青打仗身先士卒，有勇有谋，深得汉武帝信任。之后，卫青又六次领兵抗击匈奴，皆获全胜。

骁将霍去病

霍去病是卫青的外甥，从小善骑射，十八岁时被汉武帝召为侍中，随卫青北击匈奴，后被封为骠姚校尉。霍去病经实战锻炼，迅速成长。一次，霍去病凭着一身虎胆，独自率八百骑兵，远离主力几百里奔袭敌人，斩俘匈奴几千人，勇冠三军。汉武帝破格封其为"冠军侯"，他一跃成为当时仅次于卫青的青年统帅。

三国英雄

三国鼎立，涌现出无数英雄豪杰。

关羽，东汉末年的名将。刘备起兵，关羽跟随，忠心不二，深受刘备信任，在《三国演义》中为"五虎上将"之首。他"温酒斩华雄"，"千里走单骑"，"单刀赴宴"，"水淹七军"，英勇无敌。后却"大意失荆州"，"败走麦城"，最终被擒遇害，令人惋惜。关羽去世后，逐渐被神化，民间尊其为"关公"，被历代崇为"武圣"，与"文圣"孔子齐名。

吕布的为人令人不齿，但他武功盖世。十八路诸侯被吕布杀得溃不成军，他虎牢关战三英，直杀得天昏地暗。吕布独霸一方，"辕门射戟"声震天下。后遭曹操和刘备联手围攻，终被擒杀。吕布也是武功超强、政治智慧极弱的人，他胸无大志、刚愎自用、无谋善变。

赵云在当阳长坂坡恶战中保护刘备的儿子和夫人脱险，一战成名。他戎马一生，骁勇善战，胆略过人，刘备称其一身是胆。赵云具远见卓识，深知吴蜀关系如唇齿相依，力主维护孙刘联盟。其品性忠良，直言敢谏，有贤者之风，能体恤民情，他的高风亮节至今仍为人们所称道。

三国英雄数不胜数，张飞、马超、周瑜、陆逊……如繁星闪耀，每一个都有一段惊心动魄的故事。

祖师达摩

说到少林功夫，不能不说达摩祖师，少林功夫"拳禅合一"的境界和达摩祖师有着不能割舍的联系。

达摩，生于天竺（印度），为中国禅宗的始祖，被尊称为
"达摩祖师"。中国的禅宗又称达摩宗，达摩于中国南朝梁武
帝时期航海到广州。梁武帝信佛，达摩至南朝都城建业会见
梁武帝，面谈不合，即出走。北上北魏都城洛阳，在嵩山少
林寺面壁九年。相传，达摩是《易筋经》的撰写者，少林七
十二绝技的创造者，将佛教禅宗带入中国的布道者。

关于达摩的故事，家喻户晓的有：一苇渡江、面壁九年、
断臂立雪、只履西归等，这些动人的故事都表达了后人对达
摩的敬仰和怀念之情。

初唐第一名将

李靖是唐初第一名将，唐肃宗更把李靖列为历史上十大
名将之一。需要说明的是，这个李靖可不是"托塔天王"李
靖。他安抚岭南，击灭东突厥，平定吐谷浑，是唐朝文武兼
备的著名军事家。李靖在战场上勇猛善战，叱咤风云，军功
卓著。他治军、作战积累了一套成功的经验，进一步丰富和
发展了中国的军事思想和理论。

抗金名将

岳飞，中国南宋著名军事家、战略家、民族英雄、抗金
名将，曾为宗泽部下。岳飞在与金兵的作战中屡立战功，被
誉为宋、辽、金、西夏时期最杰出的军事统帅，同时又是两
宋以来最年轻的建节封侯者。他挥师北伐，连克蔡州、郑州、

洛阳，取得郾城大捷。后遭宋高宗连下十二道金牌被迫退兵，受秦桧陷害，被罢兵权，死于大理寺狱，年仅三十九岁。

武当泰斗

张三丰，元明之际的著名道士。史载张三丰读书过目不忘，漫游天下，行踪莫测。张三丰曾游武当山，预言武当山异日必大兴。与其徒在武当山披荆斩棘，创草庐以修道，不久又离武当山云游四方。张三丰一生不慕虚荣，遁世清修，声望

极高。他独树一帜，开创武当门派，十年功成，至今流传。

抗倭名将

戚继光，明朝抗倭名将、民族英雄。戚继光出生于明朝中叶，当时中国东南沿海倭患严重，北部也经常受到蒙古的侵扰。戚家军给倭寇以沉重的打击，此后，北上抗击蒙古入侵，也取得大胜。戚继光留下的《纪效新书》《练兵实纪》，是其实战经验的总结。戚家军的纪律严明也闻名天下，获得

百姓的支持。戚继光还发明了戚氏军刀、藤牌、虎蹲炮、六和铳、无敌神飞炮等兵器。

首创八卦掌

董海川生于清朝嘉庆三年，是八卦掌拳术的创始人和主要传播者。他自幼好武，学习了多种拳术，取其精华，整理出一套较完整的拳术——八卦掌。他在肃王府听差时，一天，王府护院总管庭前献技，肃王大悦。董海川要献茶，因人群围得水泄不通，难以进入，他便纵身跃过人墙，送茶到肃王面前。肃王大惊，令其当场表演。他左翻右转，步法敏捷，掌法神出鬼没，变化多端。观众见状，目瞪口呆。王爷惊问："此术何名？"答曰："八卦掌。"于是，肃王任命他为王府护院总管。从此，董海川威名远扬。

杨氏太极

杨露禅是中国历史上有记载的第一个将太极功夫发扬光大的人。他自幼好武，因家贫，在中药店干活。药店老板陈德瑚见他为人勤谨可靠，便派他到故乡家中做工。适逢陈长兴借陈德瑚家授徒，杨露禅在一旁观看，用心记下招式，私下刻苦练习。后被陈长兴发现，不但没有怪罪，反而大胆摒弃门户之见和江湖禁忌，允许他在业余时间正式学习太极拳。

杨露禅深得陈式太极拳的精髓。艺成时，已四十岁了。为了生活，他先在家乡教授太极拳，后去北京授徒。因武艺

高强，号称"杨
无敌"。他将太极
拳的姿势简化，
经子孙修改，创
立"杨式太极
拳"，成为当今世
界最为流行、学
习者人数最多的
中国拳法。

英雄出少年

甘凤池是名震四方的江湖大侠，他是吴敬梓所著《儒林
外史》中的义士凤老爹的原型。甘凤池是南京人，自小父母
双亡，孤苦伶仃，自幼爱好武功，结交江湖侠客，十几岁时，
以"提牛击虎的小英雄"名扬江南。《清史稿·甘凤池传》
中说他勇力绝人能提牛。甘凤池先后拜黄百家、一念和尚为
师，精通内、外家拳法，一生行侠仗义、行医济世，著有
《花拳总讲法》，江湖人称"江南大侠"。在梁羽生的武侠小
说中也对他多有提及。

中华神腿

杜心五，自然门的功夫宗师，孙中山和宋教仁的保镖。9
岁拜师，习练过少林拳、鹰爪拳、梅花桩以及运气站桩等，
13岁时已颇有名气。后师从四川峨眉徐侠客（又称徐矮师），

习练自然门武艺 8 年。杜心五走镖川、滇，功夫精进。因以腿功著称，人称"神腿"。他曾毁黑店、灭盐枭，行侠仗义，因此有"南北大侠"之称。他还曾在嵩山少林寺比武传艺，研习少林功夫。

后杜心五在老乡宋教仁等人建议下到日本留学，考入日本东京帝国大学，不久后加入同盟会，为孙中山和同盟会做保卫工作。杜心五在参加武昌起义后，闭门谢客，潜心研究。20 世纪 30 年代初，他收徒传艺，弟子众多，名徒有万籁声、郭凤岐、陶良鹤、李丽久、胡亚夫等人。

小故事

清廷对身在东京的孙中山、黄兴等人恨之入骨，暗中派人伺机刺杀。一天，杜心五发现门外有三个行踪诡秘的中国人，就问："能让我见识一下你们身上的铁器吗？"他们说："对不起，没有值得一看的！"杜心五说："你们不借，我自己取！"话音刚落，杜心五一转身，在他们身上摸了一摸，动作快如闪电，等到那三人反应过来时，他们身上的手枪全到了杜心五的手中。三人恼羞成怒，挥拳向杜心五打来。杜心五不慌不忙，边游走边招架，身子像泥鳅一般。那三个人看得见，却打不着。最后，杜心五亮出神腿绝招，飞起右腿横扫一周，那三人应声倒地。

津门大侠

1901 年，有俄国力士在天津的报纸上自吹为"世界第一大力士"，并辱骂中国人，津门大侠霍元甲得知后极为愤慨，警告他要登报赔罪，否则定要与之决一雌雄！俄国力士畏惧霍元甲的威名，登报道歉后灰溜溜地跑了。

1909 年，英国力士奥皮音在上海叫板霍元甲。他深知霍元甲家境贫寒，便以一万两白银作为赌注。霍元甲的好友及上海商会为其凑够资金后，奥皮音又将比武日期一拖再拖。可笑的是，比武当天，奥皮音与俄国大力士一样，也逃之夭夭了。

1910 年，霍元甲在上海创办"中国精武体操会"，被日本柔道会视为眼中

钉。日本人召集柔道高手前来，名为比武，实为挑衅。

比武开始，霍元甲的弟子刘振声连挫对方五人。日本领队恼羞成怒，向霍元甲挑战。交手之后，日本领队自知毫无胜算，企图使阴招取胜。岂料霍元甲早已看出破绽，一招将对方手臂折断。

天下第一手

孙禄堂，清末民初蜚声海内外的著名武学大家，堪称一代宗师。孙禄堂生活的年代，正赶上国家贫弱，民不聊生。在外侮面前，他大义凛然，不惧不屈：击昏挑战的俄国著名格斗家彼得洛夫；力挫日本天皇钦命大武士板垣一雄；还击退5名日本武功高手的联合进攻。孙禄堂享誉武林，有"虎头少保，天下第一手"的美称。其人具有极高的理论水平，著有《形意拳学》《八卦掌学》《拳意述真》《八卦剑学》等。

中华功夫高手层出不穷，不及详述的还有"千斤神力王"王子平、"中国跤王"宝三、"神枪"李书文、形意拳高手尚云祥、谭嗣同的好友"大刀"王五、"鉴湖女侠"秋瑾、"江南第一腿"刘百川、功夫名家万籁声等。这些功夫、品德皆佳的武林前辈，值得后人永远怀念。

五花八门的兵器

　　兵器的发展，与人类生产力的提高密切相关。伴随着石器、木器、青铜器、铁器的产生与发展，兵器也在不断完善，质量更精细，品种更加多样化，而兵器的完善，又进一步促进了功夫技艺的提高。

　　中国功夫底蕴丰富，门类众多。在中国功夫的长期发展中，逐渐演化出十八般兵器。通常认为，十八般兵器包括：刀、枪、剑、戟、斧、钺、钩、叉、镋、棍、槊、棒、鞭、锏、锤、抓、拐子、流星。实际上，中国古代的兵器远不止这十八种，平常所说的"十八般兵器"只不过是对兵器的泛称。

最潇洒的兵器——剑

用于近战、可刺杀和劈砍的尖刃冷兵器。分剑身和剑柄，剑身细长，两侧有刃，顶端剑尖成锋。剑柄短，便于手握。为便于携带，一般配有剑鞘。中国最早的剑是西周时期的青铜剑。随着科学技术的发展，出现了铁剑和钢剑。剑的历史悠久，后人称之为"短兵之祖"。

与剑相关的成语有"刻舟求剑""项庄舞剑，意在沛公""口蜜腹剑""剑走偏锋""剑拔弩张""刀光剑影""唇枪舌剑""风刀霜剑"等，反映出剑在中国人生活中的地位。不管功夫如何，古代但凡有点儿身份的人都喜欢佩一柄宝剑在身，以显示自己的风流倜傥。说剑是最潇洒的兵器，当不为过。

最出名的剑是越王勾践剑，史上名剑还有干将剑、莫邪剑、龙泉剑、太阿剑、纯钧剑、湛卢剑、鱼肠剑、巨阙剑等。春秋时的龙泉剑，现有一柄藏于故宫，至今仍锋利异

常，证明中国在剑的制造和使用上有着悠久的历史和极高的技术。

越王勾践剑

中国春秋末期越王勾践使用的青铜剑，剑长55.6厘米，宽5厘米。剑身有黑色花纹，材料为铜和锡，正面有"越王鸠浅自乍用剑"（"鸠浅"即"勾践"，"乍"即"作"）铭文。该剑于1965年12月在湖北省江陵县的楚墓出土，出土时置于黑漆木剑鞘内，剑身光亮，无锈蚀，剑刃薄而锋利，铸造工艺达到相当高的水平。现藏于湖北省博物馆。

最纯粹的刺杀兵器——矛

矛用于直刺、扎挑，用于战场，干净利落，是最纯粹的刺杀兵器，由矛头和矛柄组成。矛头多以金属制作，矛柄多为木、竹和藤等材料，有的用金属制成。矛通常长1.8至2.7米，有的长达4米多。一般矛头长40厘米，有的达80多厘米。早期的矛头为石头或兽骨制成，以后出现了青铜、铁、钢制的矛头。三国名将张飞使的"丈八蛇矛"曾令敌人胆战心惊。

吴王夫差矛

中国春秋末期吴王夫差专用的青铜矛，于1983年11月

在湖北省江陵县的楚墓出土。仅存矛头，为青铜铸造，长29.5厘米，宽5.5厘米，有黑色花纹，材料为铜和锡，正面有"吴王夫差自乍（作）用"铭文。矛刃锋利。其铸造工艺之精细为同类兵器所少见。现藏于湖北省博物馆。

最能出神入化的兵器——枪

枪属于一种长柄的刺击兵器，由矛演变而来。枪的长度约相当于人体直立，手臂伸直向上的高度。枪杆的粗细，则因人而异。枪缨的长度不短于20厘米。练枪时，要求身法灵活多变，活动范围大，步法更要轻灵、快速、稳健。腰腿、臂腕之力要与枪合为一体，劲透枪尖。枪术在十八般武艺中比较难学，老舍先生所著的《断魂枪》中有"月棍、年刀、一辈子的枪"的说法。善使枪者最能出神入化地自由发挥其威力。枪的套路十分丰富，如杨家枪、六合枪、锁口枪、五虎断门枪等。三国的赵云、隋唐的罗成、北宋的杨家将、南宋的岳飞都是以枪法著称的名将。

最能显示力量的兵器——戟

戟是古代将矛和戈的功能合为一体的兵器，由戟头和戟柄组成。戟头以金属材料制作，戟柄为木或竹制。戟最长可达3米多。既能直刺、扎、挑，又能勾、啄，是步兵、骑兵都可使用的利器。早期使用的戟是青铜戟，以后有了铁戟。大凡使戟的武将都力大勇猛，西楚霸王项羽就是使戟的代表人物。三国时期吕布使的"方天画戟"以及他"辕门射戟"的故事更使这种兵器平添了不少豪气。

最显威风的兵器——斧（钺）

斧是用于劈砍的格斗兵器。由斧身和斧柄组成。斧身为石质、铜质或铁质，斧柄为木质。古典小说《三国演义》中有道荣出马，手使开山大斧的描述。《水浒传》中的黑旋风李逵，也是手使两把板斧。可以看出，斧是历代一直有人使用的兵器，所以它也成了小说中武士的兵器之一。而手持大斧的人物形象，多多少少会给人以威风凛凛的感觉。

钺与斧的形制相近，区别是钺体薄，刃宽并成圆弧形。钺是斧的一种，但比斧大。春秋战国时的钺已失去其兵器功能，而用于仪仗饰物及礼乐舞蹈。试想，当时刀剑已在战场上广泛应用，笨重的钺能不"转岗"吗？

作为军权象征的钺，大多铸造精良，钺身上刻有人面或兽面纹饰，形象狰狞而华美，给人一种威慑力。

商代妇好大铜钺

妇好是商王武丁的妻子，也是中国古代最早的女将，曾率军远征，战功卓著。1976 年，河南安阳殷墟妇好墓出土了4 件青铜钺。其中一件大钺长 39.5 厘米，刃宽 37.5 厘米，重达 9 千克。钺上有纹饰，还有"妇好"二字铭文。该钺并非实战兵器，而是妇好权威的象征。

最有生命力的兵器——刀

刀用于近距离砍和劈，生命力极强，直到现在还被广泛使用。刀分刀身和刀柄，刀身狭长，刃薄脊厚。刀柄或长或短，因需而定。刀的种类很多，有大刀、腰刀和环首刀等，是古代军队的主要兵器。石器时代产生过石刀，后来发展为青铜刀、铁刀和钢刀。最有名的刀当属传说中关羽使用的"青龙偃月刀"，重八十二斤，长一丈二尺。《水浒传》中的大刀关胜，也是使刀高手。

"登州戚氏"军刀

这把军刀是明朝抗倭名将戚继光使用的军刀。通长 89 厘米，柄长 16 厘米。刀上部刻有"万历十年登州戚氏"八字，表明这把军刀是万历十年（1582 年）戚继光任蓟镇总兵时铸造的。

成双成对的兵器——锏和鞭

锏为短兵器，方形有四棱，连把约长四尺。锏无刃，相距六七寸有节的，叫竹节锏；从把到顶端完全平直的，叫方棱锏。锏一般都是双手使用，因此有雌雄锏、鸳鸯锏等称谓。唐初的战将秦琼便善使双锏。

鞭也是短兵器，与锏相似，铁鞭为六角形，铁锏为四棱形。因为二者形制相似，所以历代总把鞭、锏相提并论。鞭有单、双、软、硬之分，质地也有铜、铁、铁木之别。当年伍子胥为了报仇，曾掘开楚平王墓，鞭尸三百，说明春秋战国时期已开始用鞭。

作为兵器使用的鞭与用皮革制成、驱赶牛马的鞭子是完全不同的器具。但软鞭类的七节鞭、九节鞭等，与赶牛马的鞭子，可能有一定的关系。明代出现了两节铁鞭，清代的鞭已有软硬之分。软鞭是软硬兼施的兵器，演练者既要有击打速度，又要体现出灵巧多变。舞动时，上下翻飞，噼啪作响，让人眼花缭乱。

横扫千军的兵器——棍

棍是最为简单实用的兵器，材质一般为木质，通体为浑圆木杆。长约八尺，粗细则因人而异。多用坚实、柔韧、不易折损的木材制作。少林寺僧至今以棍法见长，使棍之人也崇尚少林。最有名的使棍之人要数救唐王立功的少林寺十三棍僧。

"什么兵器最喜欢？双截棍柔中带刚……快使用双截棍！哼哼哈嘿……"

周杰伦的一曲《双截棍》红遍歌坛，让双截棍成为青少年的心中"神棍"。是棍带红了歌，还是歌唱红了棍？只有时间才能告诉我们答案。

孙大圣的兵器——棒

棒长约五尺，形状像棍，但棒的两端粗细不均，一端用于手持。棒的种类有钩棒、杵棒、大棒、杆棒、狼牙棒等。最常见的棒是丐帮的打狗棒，武侠小说的丐帮的弟子都会两手打狗棒法，这表明丐帮似乎是棒法普及率最高的群体。最出名的棒非《西游记》中齐天大圣孙悟空的如意金箍棒莫属。小说中的金箍棒能大能小，神奇异常。

能飞掷收回的兵器——叉

叉是长器械的一种，顶端有二股叉的叫"牛角叉"，顶端有三股叉的是"三头叉"，又名"三角叉"。柄长七至八尺，重约五斤。三股叉中锋挺出三至四寸，叉的尾端有瓜锤，源于远古时代捕鱼的"飞叉"。原始的"鱼叉"尾端带有结节，便于系绳索，使用时将叉掷出，可抓着绳索将叉收回。《水浒传》中解珍、解宝打虎时用的就是钢叉。明代的兵书《武备志》中还记有一种"马叉"，上可叉人，下可叉马，非常厉害。

辉煌一时的兵器——锤

锤是一种带柄的打击兵器。元朝蒙古骑兵善用铁锤，有的是六棱形，还有的锤头为六角形，用短铁链系于柄上。清军入关前也很喜欢用锤，成立过铁锤军，问鼎中原以后，就不再用了。《隋唐演义》中的"八大锤"，向人们展示了使锤战将的风采与传奇。

易于暗藏的兵器——匕首

匕首是一种短小似剑的冷兵器，由刀身和刀柄两部分组成，长 20 至 30 厘米，有单刃和双刃之分。匕首短小易藏，为刺客善用，从古至今也一直是军队使用的冷兵器之一。荆轲刺秦所用的兵器就是匕首。

令人胆寒的速杀兵器——弓箭

弓箭是以弓发射带有锐尖、锋刃的箭的远射兵器，是古代军队使用的重要武器之一。弓由有弹性的弓臂和有韧性的弓弦构成。箭包括箭头、箭杆和箭羽。箭头为铜或铁质，杆为竹或木质，羽为雕或鹰的羽毛。中国善射者古来多多，战国有养由基，汉朝有李广。常言道："明枪易躲，暗箭难防。""大将军不怕千军，就怕寸铁。"正说明箭的威力无比。

矛的"对头"——盾

盾是古代军队使用的手持防护兵器，形状有长方形、梯形或圆形，材料为皮革、木材、藤或金属等。大盾高约 1 米，宽约 60 至 80 厘米。小盾高约 60 厘米，宽约 40 厘米。中国早在商代就有盾，至周代，盾更为完善，已有五种。士兵用手执盾，可以抵挡敌人的兵器——尤其弓箭的进攻。成语"自相矛盾"，既表现了矛与盾的对立统一，又反映了古代哲人的非凡智慧。抗倭名将戚继光发明的"藤牌"，是一种既轻

便又坚固，防御力极强的盾。清军入关时，已有藤牌军，牌用藤制，抵御刀、剑、枪、斧颇为有效，多被冲锋陷阵的步兵使用。

最后一道防线——铠甲

铠甲是古代将士穿在身上的防护兵器。由甲身、甲裙和甲袖组成，甲裙和甲袖可以上下伸缩，便于作战时动作的灵活。最初的铠甲以藤木和皮革等材料制造，以后出现了青铜和铁制铠甲，可以有效地防御兵器的攻击。中国宋代步兵的铠甲叫"步人甲"，是中国历史上最重的铠甲。更为有名的是一种漂亮的"明光铠"，其胸前和背后均有圆护（椭圆形，用以提高胸部与背部的防御力），圆护用铜、铁制成，打磨得光亮如镜。在战场上，战士身着明光铠，受到日光的照射，发出耀眼的"明光"，威风凛凛。

火药的应用为火器的发明奠定了基础，从借助火药燃爆力发射石弹、铁弹的火铳开始，逐渐发展出火炮、鸟铳等杀伤力更强、作战效率更高的火器。从此，冷兵器时代的武器便逐渐没落了。

暗器种种

所谓"暗器"，是用于暗中突袭的兵器。暗器大多是武林中人创造出来的，既小又轻，便于携带，大多有尖有刃，可以掷出十几米乃至更远，速度快、隐蔽性强，偷袭时杀伤力极强。

在千军万马厮杀的战场上，暗器很难发挥作用，所以自古战将很少练暗器，最多只是长短兵器的配合使用。如"枪里夹鞭"术：使枪的战将，在二马错镫的一瞬间，出其不意地抽出暗藏的鞭打击对手，往往会收到突袭的效果。

武林中讲究的是一对一的打斗，双方距离很近，于是暗器就派上了用场。暗器至清代达到鼎盛，在武林中使用极为普遍。直到清末火器盛行以后，暗器才逐渐被冷落。

暗器可分为手掷、索击、机射、药喷四大类。

手掷类有标枪、金钱镖、飞镖、甩手箭、飞叉、飞铙、峨眉刺、飞剑、飞刀、飞蝗石、枣核箭、乾坤圈、铁鸳鸯、梅花针、铁蒺藜、镖刀等。

索击类有绳镖、流星锤、狼牙锤、龙须钩、飞爪、软鞭、锦套索、铁莲花等。

机射类有袖箭、弹弓、弩箭、背弩、踏弩等。

药喷类有袖炮、喷筒、鸟嘴铳等。

还有一些暗器更为特殊，不属于以上四类，如吹箭筒、手指剑、钢指环、匕首、手锥等。

广泛传播，让世界了解中国

在世界各地，只要提到"功夫"，恐怕无论哪个国家的人都会马上明白是什么意思，可见中国功夫的影响力之大。

中国功夫经历了几千年的发展，其对外传播交融的历程

也几乎从未停歇。功夫是中国传统文化的产物，而外来文化也对它施加过重要的影响，印度佛教对禅宗功夫的影响就属此例。当然，中国功夫本身具有的独特魅力及蕴含的深刻哲理，也使其在向世界各地的传播过程中得到了肯定与欢迎。外国朋友不仅积极研习功夫

特有的精湛技术，而且积极探求功夫丰富的文化内涵。作为一项很有健身效果和艺术之美的体育运动，功夫正受到全世界越来越多人的喜爱。

中、日、朝的交流

中国功夫首先在一衣带水的邻邦产生影响，而功夫通过在邻邦的发展，又反过来影响了中国功夫的进步。中、日、朝三国的文化交流源远流长，在兵器与武艺的交流方面，也写下许多精彩的篇章，其中，剑、刀武艺的交流尤为引人入胜。

一般认为，早在先秦时代，中国制作的剑、刀等兵器就已传入日本，其传入途径主要是朝鲜半岛。在日本北九州出土了大量的先秦铜剑和铸剑的铜范，相同的兵器在韩国的庆尚南北道也有发现，这些足以证明在中、日、朝三国人民的早期文化交往中，剑具有重要的媒介作用。汉代的铁制环首大刀，曾大量流入日本，对日本短兵器形制的发展产生过深远的影响。隋唐两代的遣隋使和遣唐使，是中日文化交流的重要使者。入唐的友好使者中就有对兵法、武器感兴趣的，如著名的遣唐副使吉备真备就是一位大唐兵法、兵器的爱好者。

日本长期借鉴中国的经验，结合自己的创造，使日本的剑、刀锻铸技术突飞猛进。唐宋以后，日本的花纹剑、刀异军突起，大放异彩，在远东地区首屈一指。在宋代，日本的剑、刀已通过民间贸易源源不断地流入中国，在中国享有"宝刀"之誉。到了明代，日本刀的制作工艺极精，传播日远，更大量进入中国。另外，中国古代传到日本的双手剑法，经过日本武士的充实、提高，又在明代带着东瀛风貌回到中国。

在这些交流过程中，朝鲜一直是重要的参与国，起着特殊的作用。朝鲜不只是起着沟通作用，而且也不断地汲取中、日剑、刀武艺的精粹，逐步形成了带有中、日两国特点的朝鲜刀、剑风格。迄今保存在韩国的多种中、日古代刀、剑武艺图谱，就充分地说明了这一点。

拳术的互相影响

还有一些国家的拳术受中国功夫的巨大影响，同时给中国功夫的发展带来了活力，表现出中华功夫与世界文化的相互促进关系。

柔道

有这样一种说法，柔术来源于中国唐代的拳术，是徒手形式的打、踢、摔、拿等竞技项目。明朝末年，曾在少林寺学过功夫的陈元赟东渡日本，在江户城南国正寺传授中国功夫，使拳术在日本广泛开展。在日本爱宕山的一块残碑上，至今刻有"拳法之有传也，自投化人陈元赟而始"的字样。

19世纪末，日本人嘉纳治五郎吸收各派之所长，经改进提高，创立了柔道。

空手道

日本国际拳道学联盟理事长大西荣三在《我所创建的国际柔道学》一文中写道："相传在八十多年前，空手道从中国的福建省传到日本冲绳。后来冲绳的系洲官恒先生将冲绳的空手套路进行总结，形成了冲绳最初的空手流派。与此同时，冲绳那霸的东恩纳宽亮先生正好在中国福建拜谢先生为师，并学成回到日本。"另据报道，流行于冲绳县的空手道刚柔流源于中国的福州市，该流派的祖师东恩纳宽亮的师傅正是中国鸣鹤拳的一代宗师、福州的谢如如。可见，日本的空手道源自中国。

跆拳道

跆拳道是朝鲜的传统武术。源于朝鲜的民间自卫术"花郎道"，至今已有1500多年的历史。跆拳道与中国功夫有着很深的历史渊源。早在明代之前，中国的功夫就已传入朝鲜，特别是在近代，花郎道结合了中国拳术、日本空手道等技术，融会成一种独特的朝鲜拳术，形成了今天的跆拳道。

泰拳

泰拳是泰国的国技，是最受泰国人民喜爱的一项传统的民族体育运动。关于泰拳的起源众说纷纭，有一种说法是，泰拳主要受中国古代技击术的影响，源自中国。泰国古称暹罗国，与中华的交往始于明朝。此后，两国关系日益密切，中国迁居暹罗的人也越来越多，中国功夫便随着其他中华文化传到暹罗，经过泰国几代人的筛选、提炼、融合而成了今日独具一格的泰拳。不难看出，泰拳中的肘技、腿技等主要招式与中国功夫十分相似，说明泰拳深受中国功夫的影响。

截拳道

20 世纪 60 年代末 70 代初，美籍华人李小龙创编了技击风格和技法独特的现代技击术——截拳道，轰动国际功夫界。同时，他以自编、自导、自演的一系列别具风格的"功夫片"而蜚声国际影坛，以致在许多国家和地区都兴起了"中国功夫热"。李小龙之所以能创造截拳道，是因为他从小练中国功夫，并长期受到中华文化的熏陶。李小龙受中国功夫"以无法为有法，以无限为有限"等拳理的影响，根据咏春拳的手法和戳脚拳的腿法，吸取西方拳击和东南亚武术的特长，形成了自己独特的技击理论和技击风格，创立了截拳道这种具有完整体系的技击术。

功夫的国际化发展

近代中国功夫的对外影响日益扩大。1933 年，中国功夫代表团访问东南亚，在华人社会宣传了功夫。1936 年，中国国术队赴德国柏林参加奥运会表演。新中国成立以后，中国功夫的改革步伐更快。进入 20 世纪 80 年代，功夫国际化成为中国功夫发展的一项重要任务。"功夫源于中国，属于世界"的观念已经逐步深入人心。

中国功夫在日本十分流行，仅"少林拳法联盟"就有 2600 多个日本国内分支和 300 多个欧美分支组织，会员多达 100 万。中国功夫在东南亚各国也很流行，新加坡、马来西亚、印度尼西亚等国至今仍保留着精武体育会。

中国作为功夫的发源地，近几年曾派人先后到五大洲 60 多个国家进行功夫交流，不仅宣传了中国的民族文化遗产，而且增进了与这些国家的友谊。目前，美国已成立了"全美中国功夫协会"，芝加哥、纽约、旧金山等城市还成立了"少林功夫学校"。在国际上，中国功夫的发展方兴未艾。

 1

源于中文的英语单词

由"功夫"一词在广东方言中的发音演变成的"Kungfu"已成为英语中的常用词。像"Taiji"（太极）、"Shaolin"（少林）、"Wudang"（武当）这一类由汉语拼音演变成的英文单词，也越来越为英美人及其他使用英语者所接受。

 2

中国功夫惊奥运

1936 年 8 月 1 日，第 11 届奥运会在德国首都柏林举行。

中国派代表队参加了足球、篮球、田径、游泳等比赛项目。此外，还派了一个国术队到会表演。

奥运会上，中国参加的比赛项目成绩不佳，但国术队的表演却受到了异乎寻常的欢迎，引起了轰动。德国人都渴望目睹中国国术队的表演。

有些拳击手很不服气。一个芬兰的拳击手来下战书，指名要与中国国术队的寇运兴一比高低。这位芬兰人体格占优，狂妄异常。寇运兴决心为国争光！

比赛开始，寇运兴先发制人，运足内功，只一招就将对手击倒在地。中方获胜！

两天后，一名个头更高、身材更魁梧的英国拳师又来挑战。寇运兴琢磨，硬拼难胜，必须智取。战幕拉开，对方连珠炮般地猛攻。寇运兴闪、展、腾、挪，避其锐气。十几个回合，英国拳师气喘吁吁，锐气渐消，而寇运兴仍然步法灵活，沉着应战。二十多个回合，寇运兴卖了个破绽，求胜心切的对手一个右勾拳猛地打来。寇运兴不慌不忙，伸右臂格挡，同时，用剑指使了一招"仙人指路"，正中对方的乳突穴。"哎哟"一声，英国人轰然倒地，呻吟不止。医生跑来抢救，全身无伤，可就是起不来。大家愣在那里，不知所措。寇运兴走上前去，朝其太阳穴上轻轻一点，英国拳师长舒一口气，坐了起来。他定一定神，连忙起身溜下台去，观众一阵哄笑。

随后，国术队应邀到法兰克福、汉堡等城市表演，场场大受欢迎。

影视中的功夫

昏睡百年，国人渐已醒

睁开眼吧，小心看吧

哪个愿臣虏自认

因为畏缩与忍让

人家骄气日盛

开口叫吧，高声叫吧

这里是全国皆兵

历来强盗要侵入

最终必送命

万里长城永不倒

千里黄河水滔滔

……

在 20 世纪 80 年代的中国，这首《万里长城永不倒》随着电视连续剧《大侠霍元甲》的热播唱遍大江南北，人们在为剧中情节及人物的命运如痴如狂的同时，一股"功夫热"风靡全中国。

很多外国人都说，是从中国动作电影中体会到中国功夫的神奇魔力，才开始对中国文化产生兴趣的。李小龙、成龙、李连杰……一个个影星随着一部部功夫片的热映大放异彩，

而每一部经典功夫影片的上映，都进一步扩大了中国功夫在世界上的影响力。

由于中国功夫片大受欢迎，不少好莱坞电影也加入了中国功夫元素。剧中主角一会儿飞檐走壁，一会儿用起了"南拳北腿"。《杀死比尔》里出现了中国道士，《功夫之王》中那个美国小子更是来了一次时空穿越，玩起了各种功夫。而这些电影的大受欢迎，反映出西方人对中国功夫的热爱。

武侠小说

中华功夫名扬世界还有武侠小说的功劳。武侠小说是中国旧派通俗小说的一种重要类型，多以侠客和义士为主人公，描写他们身怀绝技、见义勇为和叛逆造反的故事。

明代的《水浒传》是中国第一部长篇白话小说，被誉为武侠小说的萌芽。这部书里最具有武侠特征的人物是武松和鲁智深，他们身上都有先秦的侠者风范，而鼓上蚤时迁又是第一个能蹿房越脊的人物，给后世武侠小说作家很大的启发。

中国最早的长篇武侠小说是清代的《三侠五义》，这部书为各类武侠题材文学作品的创作打下了基础。清末民初直至当代，大批知识分子投身武侠小说的创作，写出很多脍炙人口的佳作，如王度庐的《卧虎藏龙》、还珠楼主的《蜀山奇侠传》、古龙的《楚留香传奇》、温瑞安的《四大名捕》、金庸的《射雕英雄传》等。

20 世纪 30 年代以后，武侠小说五大家是还珠楼主、宫白羽、郑证因、朱贞木和王度庐。还珠楼主的神怪武侠小说，宫白羽的社会武侠小说，郑证因的技击武侠小说和王度庐的言情武侠小说被称为"四大派"。还珠楼主的《蜀山奇侠传》《青城十九侠》和《云海争奇记》

等作品，最能体现中国传统文化特色。宫白羽把武侠与社会生活结合得十分紧密，代表作是《十二金钱镖》等。郑证因的《鹰爪王》八部曲出手不凡，将武侠的豪气、精妙的功夫与惊险的情节融为一体。郑证因一生共有 102 部作品，是当时最多产的作家。王度庐的作品重言情，情节生死缠绵，感人至深。

中国香港是新派武侠小说的发源地，以金庸、梁羽生为代表的新武侠小说家在此声名鹊起。尤其是金庸的武侠小说，造就了不少"金庸迷"，"金大侠"成为一代武侠小说大师。

20世纪50年代，梁羽生达到个人创作的最高峰，代表作有"七剑下天山"系列、《萍踪侠影录》《云海玉弓缘》等。

同时代的中国台湾有司马翎、卧龙生、诸葛青云、独孤红、陈青云、萧逸等几十位武侠作家，出版作品达万种以上。其中司马翎、卧龙生、诸葛青云并称为"台湾三剑客"，影响更大的还有创武侠写作新风的古龙。

链接

金庸作品趣闻

"飞雪连天射白鹿，笑书神侠倚碧鸳。"

这多像副对联呀！其实，这是金庸除《越女剑》以外的14部小说的首字合称。这些作品分别是：《飞狐外传》《雪山飞狐》《连城诀》《天龙八部》《射雕英雄传》《白马啸西风》《鹿鼎记》《笑傲江湖》《书剑恩仇录》《神雕侠侣》《侠客行》《倚天屠龙记》《碧血剑》《鸳鸯刀》。